Handbook of Poultry and Egg Statistics For 1937

by US Dept of Agriculture

with an introduction by Jackson Chambers

This work contains material that was originally published in 1937.

This publication is within the Public Domain and was originally published with Public Funding for the Public Benefit.

This edition is reprinted for educational purposes and in accordance with all applicable Federal Laws.

Introduction Copyright 2017 by Jackson Chambers

Self Reliance Books

Get more historic titles on animal and stock breeding, gardening and old fashioned skills by visiting us at:

http://selfreliancebooks.blogspot.com/

Introduction

I am pleased to present yet another title on Poultry.

The work is in the Public Domain and is re-printed here in accordance with Federal Laws.

As with all reprinted books of this age that are intended to perfectly reproduce the original edition, considerable pains and effort had to be undertaken to correct fading and sometimes outright damage to existing proofs of this title. At times, this task is quite monumental, requiring an almost total "rebuilding" of some pages from digital proofs of multiple copies. Despite this, imperfections still sometimes exist in the final proof and may detract from the visual appearance of the text.

I hope you enjoy reading this book as much as I enjoyed making it available to readers again.

Jackson Chambers

HANDBOOK OF POULTRY AND EGG STATISTICS

By Mabel R. Jordan, Ethielinda Walton, and Gordon W. Sprague, *Bureau of Agricultural Economics*

CONTENTS

	Page
Foreword	1
Number of chickens on farms; number of chickens, ducks, and geese raised; value of chickens raised; chicks hatched and purchased; mortality of chicks and in laying flocks; number and value of chickens sold; number of chickens consumed on farms; number and value of eggs produced; number of eggs sold and consumed on farms; and rate of egg production	2–27
Poultry inspected for canning and market receipts of live and dressed poultry and eggs	28–57
Cold storage holdings of poultry, turkeys, and eggs	58–69
Prices of chickens, turkeys, and eggs received by producers; live and dressed poultry and turkeys and eggs at wholesale in terminal markets; and retail prices of hens and eggs	70–95
Index numbers of prices of farm products and food products at wholesale and price relatives for fresh dressed poultry and for eggs	96–99
Feed consumption; growth and weight standards; loss of weight in dressing; size of shipping coops; disappearance for consumption of poultry; egg production in selected flocks; feed-egg ratio; feed requirements for production; color of shells by breeds; composition; conversion factors; and weights per trade unit	100–117
Foreign trade in and tariff rates on poultry and eggs	118–122
Poultry and eggs in foreign countries	123–128
Index	129–131

FOREWORD

This handbook makes readily available for quick and practical use the essential statistical and other information relating to the poultry and egg industry. The aim has been to include the latest data in sufficient detail to give a comprehensive view of the industry with comparable data for earlier years.

Data as to imports and exports were compiled from the Monthly Summary of Foreign Commerce and from Trade and Navigation of the United States published by the Bureau of Foreign and Domestic Commerce, United States Department of Commerce. Data as to standards and conversion factors were taken from trade sources and official publications. Poultry numbers and eggs produced in foreign countries were compiled from the International Yearbook of Agricultural Statistics. All tables for which credit is not otherwise given were computed in the Bureau of Agricultural Economics. Prices were mostly compiled from other sources as indicated.

TABLE 1.—*Chickens: Number on farms by States, census years, 1910–35*

State	Apr. 15, 1910 [1]	Jan. 1, 1920	Jan. 1, 1925	Apr. 1, 1930 [1]	Jan. 1, 1935 [1]
	Thousands	Thousands	Thousands	Thousands	Thousands
Maine	1,705	1,403	1,900	1,451	1,519
New Hampshire	903	771	1,207	914	1,204
Vermont	912	800	941	749	743
Massachusetts	1,710	1,455	2,030	1,926	2,518
Rhode Island	393	254	361	305	304
Connecticut	1,218	1,120	1,699	1,537	1,947
New York	10,232	10,415	13,409	11,954	12,648
New Jersey	2,320	2,534	4,114	4,097	4,820
Pennsylvania	11,896	14,504	17,306	15,446	16,520
Ohio	16,850	20,233	20,927	18,000	19,619
Indiana	13,216	16,754	17,355	14,083	14,417
Illinois	20,564	25,121	25,738	22,082	20,769
Michigan	9,698	10,914	12,579	10,380	11,114
Wisconsin	9,143	11,495	13,023	13,139	14,269
Minnesota	10,294	13,213	16,408	16,611	15,664
Iowa	22,692	27,746	30,275	30,666	27,362
Missouri	19,910	24,884	28,222	25,197	20,157
North Dakota	3,095	4,328	5,181	4,795	3,469
South Dakota	4,924	6,642	7,906	8,546	5,524
Nebraska	9,011	11,615	13,500	13,318	11,454
Kansas	15,206	16,919	21,609	19,128	15,141
Delaware	786	949	1,365	1,551	1,073
Maryland	2,651	3,436	4,198	3,777	3,589
District of Columbia	7	10	17	13	14
Virginia	5,685	7,860	9,221	7,643	8,541
West Virginia	3,107	4,028	4,350	3,674	4,124
North Carolina	4,566	7,393	8,558	6,385	8,806
South Carolina	2,695	3,954	4,238	3,057	3,894
Georgia	4,890	7,222	7,043	5,373	6,529
Florida	1,240	1,555	2,130	1,950	2,190
Kentucky	8,000	10,478	11,036	8,920	11,063
Tennessee	7,341	11,354	11,861	8,888	10,811
Alabama	4,590	5,918	6,284	5,428	6,778
Mississippi	4,563	6,342	5,788	5,381	6,715
Arkansas	5,183	6,955	7,164	6,124	6,870
Louisiana	3,259	3,764	3,908	4,133	4,331
Oklahoma	8,015	11,137	13,023	11,471	9,656
Texas	12,720	18,063	19,741	21,526	20,541
Montana	923	2,055	2,545	2,117	1,989
Idaho	1,012	1,655	2,029	1,989	1,980
Wyoming	325	621	809	736	690
Colorado	1,644	2,875	3,752	3,653	3,359
New Mexico	510	714	937	961	1,007
Arizona	253	495	636	576	554
Utah	674	955	1,367	2,096	2,104
Nevada	127	155	225	244	224
Washington	2,204	3,547	5,363	6,452	5,882
Oregon	1,753	2,500	3,229	2,969	3,064
California	5,666	10,427	12,784	17,467	14,043
United States	280,341	359,537	409,291	378,878	371,603

[1] Excludes chickens under 3 months old.

Bureau of the Census.

TABLE 2.—*Chickens: Estimated number on farms, by States, January 1, 1931–36*

State	1931	1932	1933	1934	1935	1936
	Thousands	Thousands	Thousands	Thousands	Thousands	Thousands
Maine	1,800	1,780	1,900	1,931	1,713	1,713
New Hampshire	1,110	1,090	1,160	1,214	1,151	1,264
Vermont	855	827	868	865	771	780
Massachusetts	2,245	2,190	2,215	2,233	1,996	2,172
Rhode Island	359	350	374	374	328	336
Connecticut	1,835	1,960	2,015	2,092	1,971	2,093
New York	14,200	14,340	14,765	15,252	14,367	14,748
New Jersey	5,080	5,525	5,840	5,755	5,283	5,756
Pennsylvania	19,380	18,900	19,830	19,858	19,838	20,719
Ohio	21,795	21,375	22,895	22,665	20,910	21,902
Indiana	17,480	17,200	17,830	17,564	16,052	16,900
Illinois	26,780	26,020	26,870	26,523	24,077	24,981
Michigan	11,650	12,295	12,835	12,903	11,129	11,747
Wisconsin	15,610	14,800	14,930	15,851	15,214	16,198
Minnesota	19,040	19,170	19,160	18,727	16,660	17,689
Iowa	35,030	34,150	33,875	35,335	31,915	32,656
Missouri	28,420	27,170	28,320	27,146	23,271	22,670
North Dakota	5,250	4,830	5,005	4,844	3,752	3,990
South Dakota	10,060	9,125	9,490	8,707	6,312	7,414
Nebraska	16,990	15,810	15,980	16,806	13,108	13,548
Kansas	22,410	21,590	21,785	22,102	17,706	17,142
Delaware	2,000	1,970	2,029	2,188	2,118	2,135
Maryland	4,925	5,225	5,345	5,135	5,419	5,317
Virginia	9,420	9,720	10,365	9,694	9,729	10,106
West Virginia	4,230	3,965	4,220	4,067	3,932	3,983
North Carolina	8,670	8,960	9,560	9,136	8,829	9,289
South Carolina	4,185	4,060	4,270	4,022	4,049	4,115
Georgia	7,710	7,935	7,795	7,657	7,287	7,507
Florida	2,670	2,785	2,745	2,504	2,549	2,634
Kentucky	10,690	10,425	11,085	10,948	10,708	10,812
Tennessee	11,225	10,880	11,775	11,192	11,123	11,151
Alabama	7,640	7,545	7,840	7,466	7,169	7,458
Mississippi	7,215	7,420	7,625	6,609	6,717	6,656
Arkansas	7,480	8,170	8,820	7,938	6,903	6,993
Louisiana	5,170	5,075	4,944	5,007	4,798	4,897
Oklahoma	13,540	13,085	14,100	12,689	10,623	10,995
Texas	26,320	26,830	27,680	25,958	22,508	23,602
Montana	2,400	2,190	2,260	2,266	1,917	1,903
Idaho	2,740	2,650	2,450	2,491	2,170	2,265
Wyoming	885	870	840	851	739	700
Colorado	4,440	4,110	4,000	4,098	3,663	3,381
New Mexico	1,135	1,145	1,240	1,179	1,015	996
Arizona	770	760	810	790	688	748
Utah	3,036	2,795	2,390	2,669	2,319	2,376
Nevada	344	327	253	285	257	256
Washington	7,915	7,620	7,645	7,613	7,080	7,470
Oregon	3,455	3,565	3,292	3,262	3,161	3,196
California	22,900	20,640	18,610	18,721	16,587	18,786
United States	460,489	451,219	461,930	455,182	411,581	426,145

TABLE 3.—*Estimated number of hens and pullets per farm flock on the first day of each month, by geographic divisions, 1932–36*

Division and year	January	February	March	April	May	June	July	August	September	October	November	December
	Number	Number	Number	Number	Number	Number	Number	Number	Number	Number	Number	Number
North Atlantic:												
1932	95.3	90.9	89.9	88.3	85.2	81.9	77.9	75.2	74.2	80.2	86.9	93.5
1933	96.9	95.6	94.0	89.9	86.2	85.2	78.4	74.1	71.8	79.5	88.8	95.4
1934	98.0	95.2	94.5	90.3	86.2	83.4	78.5	73.1	74.1	80.0	85.4	92.1
1935	96.2	93.6	91.6	88.4	85.8	80.9	77.2	75.4	73.6	80.4	89.4	95.1
1936	96.1	96.3	96.4	91.9	87.7	82.9	77.6	76.4	74.3			
North Central:												
1932	116.0	115.2	110.3	106.7	102.3	95.8	89.2	83.9	83.1	89.3	96.1	108.4
1933	117.7	117.5	111.7	111.6	105.4	99.2	90.3	84.7	83.5	88.3	97.5	110.0
1934	117.8	117.2	114.6	111.2	104.5	96.5	88.9	82.5	79.2	84.4	92.5	102.2
1935	105.4	105.8	103.0	99.7	95.4	89.2	82.8	78.1	75.8	84.7	93.8	104.1
1936	111.1	108.4	104.4	103.7	98.0	91.8	84.0	77.1	76.5			
South Atlantic:												
1932	58.1	57.7	56.9	53.4	50.1	47.2	47.8	45.9	46.6	50.7	51.4	55.9
1933	60.3	59.4	56.8	55.6	51.8	49.1	47.0	45.2	45.2	48.6	51.3	55.2
1934	57.4	55.4	53.0	51.4	49.7	47.0	45.4	44.5	44.1	47.9	50.3	52.6
1935	55.3	54.6	53.9	51.7	48.7	46.1	44.4	43.1	44.6	48.1	51.0	55.5
1936	56.5	54.5	53.6	51.4	48.0	46.6	45.5	44.2	43.9			
South Central:												
1932	65.3	65.4	63.4	58.1	54.9	51.6	50.5	49.9	50.0	55.4	58.7	62.6
1933	68.4	68.0	64.6	62.6	56.8	54.0	49.9	49.8	50.9	55.1	57.8	59.7
1934	64.2	62.5	60.2	57.9	54.2	50.1	48.3	45.8	46.3	49.3	52.1	56.2
1935	58.6	57.5	56.1	53.3	49.1	46.5	44.7	44.2	44.5	51.0	52.9	55.7
1936	57.4	58.2	56.2	53.8	50.2	47.3	46.0	46.7	47.6			

Western:												
1932	75.6	75.0	73.2	71.3	69.9	65.6	62.3	60.8	61.9	63.8	68.6	71.2
1933	73.6	73.4	71.3	68.9	67.6	65.3	60.3	59.1	58.7	61.4	67.6	73.1
1934	73.3	73.2	71.7	69.4	66.6	63.3	60.2	60.1	59.3	59.8	64.2	68.1
1935	69.9	68.4	67.3	65.4	62.8	60.2	57.2	55.5	55.1	57.8	62.8	67.6
1936	70.6	70.7	68.0	66.0	63.4	60.5	58.9	57.6	57.2			
United States:												
1932	85.0	84.3	81.6	77.6	74.2	69.8	66.6	63.9	63.8	69.0	73.5	80.6
1933	87.0	86.6	82.6	81.3	76.1	72.1	66.6	63.7	63.6	68.0	73.8	80.3
1934	85.2	83.8	81.8	78.9	74.5	69.4	65.3	61.6	60.6	64.5	69.4	75.4
1935	78.3	77.6	75.8	72.9	69.1	65.1	61.4	59.2	58.5	65.1	70.5	76.6
1936	80.6	79.1	76.7	74.8	70.5	66.5	62.3	60.0	59.9			

TABLE 4.—Chickens: *Number raised, by States, census years, 1909-34*

State	1909	1919	1924	1929	1934
	Thousands	Thousands	Thousands	Thousands	Thousands
Maine	2,555	1,908	2,838	3,238	3,083
New Hampshire	1,363	1,172	2,442	2,679	3,159
Vermont	1,247	1,016	1,339	1,378	1,225
Massachusetts	3,055	2,401	3,631	5,088	6,038
Rhode Island	570	434	519	608	655
Connecticut	1,968	1,546	2,670	3,511	4,561
New York	13,394	11,873	14,941	19,518	17,222
New Jersey	4,328	3,523	5,492	7,995	7,812
Pennsylvania	16,348	15,664	19,346	25,640	23,598
Ohio	22,777	22,458	26,937	32,575	29,473
Indiana	22,099	22,618	25,257	29,048	26,721
Illinois	31,059	29,894	32,204	38,125	33,401
Michigan	12,530	12,442	15,276	18,146	15,942
Wisconsin	10,431	11,840	14,194	19,960	18,942
Minnesota	11,412	15,062	20,352	26,979	24,578
Iowa	28,971	31,076	38,185	48,216	42,393
Missouri	30,413	29,363	34,596	40,783	33,294
North Dakota	3,829	5,324	5,722	8,176	5,693
South Dakota	5,803	7,638	10,607	14,659	9,087
Nebraska	14,724	15,797	20,310	25,974	24,745
Kansas	23,846	22,503	29,091	33,650	29,034
Delaware	1,401	1,205	1,582	3,414	6,174
Maryland	5,420	5,258	6,025	7,422	7,031
District of Columbia	14	14	10	21	16
Virginia	15,183	14,227	15,892	16,728	16,518
West Virginia	5,205	4,873	5,305	5,504	5,355
North Carolina	13,766	14,047	15,058	14,727	16,180
South Carolina	8,063	9,016	7,830	7,447	7,437
Georgia	13,706	14,588	12,284	12,264	11,530
Florida	2,301	2,146	2,766	3,421	3,239
Kentucky	17,573	15,507	16,445	17,356	18,501
Tennessee	15,865	15,554	16,148	15,938	16,730
Alabama	11,383	10,180	9,527	10,734	10,436
Mississippi	10,863	9,830	8,982	10,712	10,679
Arkansas	9,674	9,111	9,870	11,202	10,772
Louisiana	5,830	5,571	5,434	7,279	6,487
Oklahoma	15,337	16,817	19,670	23,292	16,241
Texas	23,860	25,830	26,025	36,275	27,747
Montana	1,367	3,227	3,067	3,664	2,985
Idaho	1,589	2,250	2,540	3,371	2,729
Wyoming	495	894	1,121	1,259	1,114
Colorado	2,585	3,881	5,006	6,333	5,574
New Mexico	894	921	1,123	1,486	1,280
Arizona	374	569	756	997	786
Utah	947	1,107	1,644	3,540	2,599
Nevada	181	188	281	439	297
Washington	3,611	4,860	7,059	11,063	7,704
Oregon	2,554	3,150	4,066	4,613	3,911
California	7,849	12,929	14,383	26,645	18,159
United States	460,612	473,302	545,848	673,092	598,867

Bureau of the Census.

TABLE 5.—*Chickens: Estimated number raised on farms by States, 1931-35*

State	1931	1932	1933	1934	1935
	Thousands	*Thousands*	*Thousands*	*Thousands*	*Thousands*
Maine	3,380	3,650	3,796	3,227	3,421
New Hampshire	2,640	2,640	3,010	2,709	2,980
Vermont	1,380	1,520	1,672	1,338	1,472
Massachusetts	5,120	5,530	5,862	4,983	5,481
Rhode Island	640	685	712	606	697
Connecticut	3,795	3,795	4,175	3,549	4,080
New York	18,555	21,336	22,616	19,224	21,724
New Jersey	7,480	7,855	7,855	7,305	8,546
Pennsylvania	23,640	24,800	24,800	24,056	27,424
Ohio	29,710	32,085	33,370	28,698	32,142
Indiana	27,280	29,190	29,482	25,356	28,399
Illinois	35,140	37,250	37,622	34,612	37,035
Michigan	18,510	18,880	20,579	16,257	18,371
Wisconsin	20,016	19,610	22,747	20,246	22,675
Minnesota	27,790	27,235	28,324	23,509	25,390
Iowa	45,830	44,455	50,234	44,206	45,090
Missouri	34,890	39,430	38,641	34,390	31,982
North Dakota	6,990	6,920	7,335	5,721	5,492
South Dakota	13,085	13,085	13,870	8,322	10,402
Nebraska	22,950	23,640	26,004	22,104	20,557
Kansas	31,045	33,225	35,883	29,783	27,698
Delaware	2,950	3,245	3,570	3,213	3,856
Maryland	7,050	7,755	7,042	6,760	7,030
Virginia	16,550	19,030	16,746	17,583	18,992
West Virginia	4,905	6,130	5,333	5,440	5,603
North Carolina	13,650	15,015	14,114	13,408	14,212
South Carolina	7,360	7,730	6,725	6,927	7,066
Georgia	11,635	11,635	11,635	10,588	11,011
Florida	3,410	3,070	2,763	2,708	2,708
Kentucky	14,530	16,855	16,181	16,181	16,990
Tennessee	14,224	15,930	15,133	14,679	15,266
Alabama	10,500	11,340	10,773	9,696	10,472
Mississippi	10,180	10,405	8,948	9,664	9,471
Arkansas	10,845	11,725	10,318	8,977	8,618
Louisiana	5,825	5,941	6,238	5,988	5,748
Oklahoma	20,497	22,135	19,921	17,331	17,331
Texas	34,460	35,840	32,256	29,030	29,320
Montana	3,610	3,680	3,496	2,972	2,853
Idaho	3,427	3,015	3,317	3,029	3,271
Wyoming	1,400	1,190	1,357	1,153	1,095
Colorado	5,245	5,040	5,393	5,339	4,005
New Mexico	1,450	1,670	1,586	1,348	1,078
Arizona	947	995	1,015	863	992
Utah	3,398	2,752	3,633	2,906	3,051
Nevada	448	336	420	336	347
Washington	10,083	11,090	10,868	10,107	10,612
Oregon	5,330	4,477	4,790	4,646	4,646
California	24,900	21,165	22,223	21,112	27,446
United States	629,275	656,007	664,383	592,185	624,148

TABLE 6.—*Chickens: Value of chickens raised on farms, by States, 1931–35*

State	1931	1932	1933	1934	1935
	1,000 dollars	*1,000 dollars*	*1,000 dollars*	*1,000 dollars*	*1,000 dollars*
Maine	3,008	2,518	2,240	2,033	2,668
New Hampshire	2,297	1,795	1,656	1,680	2,235
Vermont	1,159	973	953	776	1,089
Massachusetts	4,454	3,650	3,341	3,189	4,056
Rhode Island	608	534	470	424	551
Connecticut	3,416	2,808	2,422	2,271	3,101
New York	13,360	12,588	11,308	10,381	14,772
New Jersey	7,181	5,970	5,341	5,406	7,179
Pennsylvania	18,439	15,376	12,400	13,952	19,745
Ohio	18,420	14,117	12,347	13,775	19,928
Indiana	16,368	13,136	10,614	11,917	17,039
Illinois	22,490	17,135	13,920	16,614	24,073
Michigan	11,106	8,496	7,614	7,478	12,125
Wisconsin	11,209	7,452	7,734	7,896	12,471
Minnesota	14,451	9,532	7,931	8,933	14,218
Iowa	28,415	19,116	17,080	19,893	28,407
Missouri	18,143	14,195	10,433	11,693	16,950
North Dakota	3,146	2,214	1,907	1,774	2,856
South Dakota	6,804	4,711	3,884	2,996	5,929
Nebraska	11,704	8,747	7,021	7,515	11,306
Kansas	15,190	11,296	8,612	8,935	13,572
Delaware	1,976	1,591	1,535	1,703	2,545
Maryland	5,076	3,955	3,169	3,583	4,429
Virginia	9,268	7,041	5,861	7,385	9,876
West Virginia	2,992	2,452	1,973	2,448	2,914
North Carolina	6,416	5,255	4,516	5,095	6,538
South Carolina	3,754	2,860	2,286	2,702	3,180
Georgia	5,352	3,840	3,607	4,023	4,845
Florida	1,978	1,535	1,160	1,273	1,571
Kentucky	7,120	5,731	4,531	5,663	8,325
Tennessee	6,685	5,257	4,086	4,991	7,022
Alabama	3,885	3,062	2,801	2,909	3,665
Mississippi	3,767	3,122	2,237	2,899	3,504
Arkansas	4,663	3,400	2,373	2,603	3,792
Louisiana	2,796	2,020	1,934	2,156	2,702
Oklahoma	9,224	6,640	4,582	5,026	8,146
Texas	14,129	10,394	8,064	8,419	12,314
Montana	1,733	1,472	1,119	1,010	1,398
Idaho	1,645	1,025	896	969	1,570
Wyoming	658	452	448	427	591
Colorado	2,465	1,764	1,510	1,762	2,163
New Mexico	725	668	508	431	517
Arizona	682	587	508	492	615
Utah	1,427	991	1,054	901	1,312
Nevada	291	158	189	155	180
Washington	5,042	3,882	3,369	3,537	4,669
Oregon	2,772	1,791	1,581	1,673	2,184
California	13,695	9,948	9,334	8,656	14,272
United States	351,584	267,252	224,459	242,422	349,109

TABLE 7.—*Turkeys, ducks, and geese: Number raised on farms in 1929*

State	Turkeys	Ducks	Geese
	Thousands	*Thousands*	*Thousands*
Maine	26	14	5
New Hampshire	19	10	2
Vermont	28	13	4
Massachusetts	61	525	7
Rhode Island	13	7	2
Connecticut	24	24	7
New York	167	1,546	73
New Jersey	32	274	23
Pennsylvania	175	918	102
Ohio	177	542	170
Indiana	130	465	146
Illinois	91	1,082	408
Michigan	230	421	182
Wisconsin	177	501	270
Minnesota	1,306	724	381
Iowa	112	899	387
Missouri	245	380	275
North Dakota	1,458	289	135
South Dakota	460	384	144
Nebraska	250	274	118
Kansas	320	216	110
Delaware	61	66	11
Maryland	279	200	42
District of Columbia			
Virginia	528	127	38
West Virginia	182	51	19
North Carolina	205	49	51
South Carolina	80	14	11
Georgia	86	22	24
Florida	69	62	4
Kentucky	383	92	73
Tennessee	157	83	63
Alabama	143	21	24
Mississippi	85	22	93
Arkansas	56	77	120
Louisiana	27	72	84
Oklahoma	804	97	66
Texas	3,783	86	127
Montana	442	39	28
Idaho	517	30	25
Wyoming	233	13	7
Colorado	548	71	22
New Mexico	124	3	2
Arizona	84	8	1
Utah	228	16	7
Nevada	90	4	1
Washington	252	75	35
Oregon	600	47	26
California	1,247	383	35
United States	16,794	11,338	3,990

Bureau of the Census.

TABLE 8.—*Chickens: Estimated proportions reported hatched by specified methods, 1928*

State	Hatched under hens	Hatched in incubators on farm	Hatched for fee (custom hatched)	Bought as baby chicks
	Percent	Percent	Percent	Percent
Maine	34	26	7	33
New Hampshire	22	25	5	48
Vermont	41	19	4	36
Massachusetts	22	24	5	49
Rhode Island	14	16	7	63
Connecticut	22	21	10	47
New York	28	15	9	48
New Jersey	20	18	19	43
Pennsylvania	28	16	13	43
Ohio	29	19	13	39
Indiana	28	29	13	30
Illinois	38	26	11	25
Michigan	31	17	8	44
Wisconsin	29	22	8	41
Minnesota	32	32	10	26
Iowa	30	33	12	25
Missouri	36	40	10	14
North Dakota	52	31	4	13
South Dakota	40	38	5	17
Nebraska	36	36	13	15
Kansas	27	40	16	17
Delaware	30	17	13	40
Maryland	44	15	15	26
Virginia	70	12	7	11
West Virginia	60	16	5	19
North Carolina	75	12	6	7
South Carolina	77	12	5	6
Georgia	78	10	5	7
Florida	57	17	11	15
Kentucky	73	16	4	7
Tennessee	77	13	4	6
Alabama	78	12	4	6
Mississippi	80	9	6	5
Arkansas	69	19	4	8
Louisiana	79	10	3	8
Oklahoma	36	40	11	13
Texas	53	21	13	13
Montana	52	24	2	22
Idaho	35	18	9	38
Wyoming	41	28	7	24
Colorado	43	25	5	27
New Mexico	55	21	2	22
Arizona	33	10	3	54
Utah	28	9	9	54
Nevada	25	15	2	58
Washington	30	20	6	44
Oregon	32	19	9	40
California	31	12	7	50
United States	42.9	24.2	9.6	23.4

Based on returns from crop reporters.

TABLE 9.—*Baby chicks: Number purchased during 1929, by States and divisions*

State and division	Baby chicks	State and division	Baby chicks
	Thousands		*Thousands*
Maine	1,327	South Carolina	537
New Hampshire	1,213	Georgia	1,116
Vermont	661	Florida	1,188
Massachusetts	2,680		
Rhode Island	327	South Atlantic	15,911
Connecticut	2,315		
New York	12,377	Kentucky	1,590
New Jersey	5,831	Tennessee	1,132
Pennsylvania	17,769	Alabama	990
		Mississippi	680
North Atlantic	44,500	Arkansas	1,318
Ohio	20,594	Louisiana	425
Indiana	14,303	Oklahoma	6,108
Illinois	17,007	Texas	7,980
Michigan	12,888		
Wisconsin	12,616	South Central	20,223
Minnesota	11,962		
Iowa	20,642	Montana	1,166
Missouri	9,972	Idaho	1,837
North Dakota	1,659	Wyoming	445
South Dakota	4,095	Colorado	3,062
Nebraska	8,161	New Mexico	501
Kansas	13,005	Arizona	632
		Utah	3,500
North Central	146,904	Nevada	356
		Washington	8,012
Delaware	3,717	Oregon	2,576
Maryland	3,884	California	22,779
District of Columbia	8		
Virginia	3,271	Western	44,866
West Virginia	1,216		
North Carolina	974	United States	272,404

Bureau of Census.

TABLE 10.—*Eggs: Length of incubation period*

Kind of poultry	Days	Kind of poultry	Days
	Number		*Number*
Hen	21	Peafowl	28
Pheasant	23	Guinea	26–28
Duck	28	Goose	29–31
Duck (Muscovy)	33–35	Ostrich	42
Turkey	28		

U. S. Department of Agriculture Farmers' Bulletin 1363.

TABLE 11.—*Chicks: Mortality during first 8 weeks and effect of pullorum disease, as indicated by reports on 200,000 baby chicks in Kansas, 1931*

Breed and condition	Mortality
	Percent
Leghorn	7.4
All heavy breeds	15.1
Tested for pullorum disease:	
Orpington	11.8
Rhode Island Red	18.2
Plymouth Rock	7.9
Not tested for pullorum disease:	
Orpington	25.0
Rhode Island Red	18.4
Plymouth Rock	11.3

Extension Poultry Husbandman, U. S. Department of Agriculture, Bureau of Animal Industry, May 1933. [Mimeographed.]

TABLE 12.—*Chicks: Mortality during first 8 weeks, as shown by reports from 757 poultrymen in Washington,[1] 1930 and 1931*

Year	Chicks hatched	Mortality	
	Number	*Number*	*Percent*
1930	602,861	64,506	10.70
1931	639,487	54,404	8.51

[1] These poultrymen were located in 20 counties. On the average they brooded 833 chicks.

Extension Poultry Husbandmen, U. S. Department of Agriculture, Bureau of Animal Industry, May 1932. (Mimeographed.)

TABLE 13.—*Chickens: Mortality from hatching to maturity, 1926, 1928, and 1931*

Chicks hatched and source of loss	1926	1928	1931
	Number	*Number*	*Number*
Chicks hatched	502,938	701,202	659,804
Losses not due to disease:	*Percent*	*Percent*	*Percent*
Predatory animals and birds		1.7	1.3
Theft		.1	.3
Accident		1.2	.8
Cannibalism		1.1	.5
Not otherwise accounted for		1.2	1.0
Total	3.8	5.3	3.9
Losses due to disease	13.4	10.3	8.2
Total losses	17.2	15.6	12.1

Connecticut Home Egg-Laying Contest Bulletin, vol. 13, no. 5, February 1932.

TABLE 14.—*Mortality in demonstration farm flocks, by breeds, 1929-33*

Breeds	1929	1930	1931	1932	1933	Average
	Pct.	Pct.	Pct.	Pct.	Pct.	Pct.
White Leghorns	13.6	15.3	13.6	16.4	17.6	15.3
Barred Plymouth Rocks	12.2	12.8	8.5	18.9	21.8	14.0
White Wyandottes	8.6	11.5	21.1	12.0	15.7	12.7
Rhode Island Reds	9.3	9.8	9.7	12.1	12.2	10.9
White Plymouth Rocks	16.6	22.7	12.5	19.4	16.4	18.2
Miscellaneous	14.3	15.9	13.8	14.0	9.7	13.8
Brown Leghorns	6.3	10.7	11.7	6.4	12.0	11.2
Buff Orpingtons	10.2	13.4	12.0	15.0	17.8	13.9
Light breeds	13.7	15.2	13.6	12.2	17.8	15.2
Heavy breeds	11.8	13.8	11.7	11.2	14.8	12.5

Five Years of Poultry Record Keeping in Missouri (1929 to 1933) Circular 330, Missouri Agricultural Extension Service.

TABLE 15.—*Culling and mortality per 1,000 hens and pullets, 1927-28 to 1935-36*

Year	Birds left from 1,000 at end of year	Birds culled	Mortality (prolapse and disease)
	Number	Number	Number
1927-28	310	553	137
1928-29	363	490	147
1929-30	433	422	145
1930-31	429	424	147
1931-32	413	424	163
1932-33	392	456	152
1933-34	428	432	140
1934-35	389	489	122
1935-36	433	442	125

Home Egg-Laying Contest Bulletin, no. 12, vol. XVI, Extension Service, Connecticut State College.

TABLE 16.—*Mortality of pullets and hens in laying flocks, Connecticut home egg-laying contest, 1928-29 to 1935-36*

Month	1928-29		1929-30		1930-31		1931-32		1932-33		1933-34		1934-35		1935-36	
	Pullets	Hens	Pullets	Hens	Pullets	Hens	Pullets	Hens	Pullets	Hens	Pullets	Hens	Pullets	Hens	Pullets	Hens
	Pct.	Pct.	Pct.	Pct.	Pct.	Pct.	Pct.	Pct.	Pct.	Pct.	Pct.	Pct.	Pct.	Pct.	Pct.	Pct.
October	0.99	1.24	1.22	1.22	1.28	0.99	1.48	1.28	1.32	1.27	1.27	0.94	0.84	1.17	1.05	1.25
November	1.02	1.85	1.34	1.18	1.24	1.10	1.69	1.36	1.51	1.26	2.01	1.17	1.10	1.02	1.03	1.08
December	1.64	1.13	1.32	1.09	1.55	1.36	1.79	1.52	1.56	1.59	1.59	1.46	1.44	1.43	1.16	1.59
January	1.61	1.04	1.68	1.46	1.86	1.49	1.95	1.29	1.72	1.40	1.58	1.40	1.25	1.49	1.26	1.36
February	1.64	1.16	1.50	1.50	1.67	1.22	1.88	2.05	1.77	1.84	1.35	1.41	1.29	1.69	1.40	1.34
March	2.00	1.48	2.18	1.73	1.89	1.70	2.38	1.85	1.94	1.69	1.82	1.55	1.49	1.65	1.39	2.01
April	2.20	1.91	2.23	1.95	2.28	2.44	2.43	1.69	1.65	1.58	1.72	1.60	1.61	1.82	1.37	1.57
May	2.00	1.89	1.83	2.32	2.12	2.23	2.26	1.92	2.30	2.08	1.67	2.09	1.73	1.86	1.51	1.80
June	2.10	1.45	1.93	1.94	1.91	2.21	1.93	1.70	1.94	2.05	1.86	1.74	1.37	1.64	1.32	1.83
July	1.80	1.59	1.52	1.54	1.43	2.20	1.81	2.07	1.68	2.11	1.56	1.68	1.45	2.21	2.19	2.08
August	1.51	1.59	1.20	1.53	1.55	1.81	1.62	1.67	1.33	1.61	1.44	1.22	1.25	1.61	1.82	1.62
September	1.34	1.54	1.15	1.29	1.49	1.47	1.29	1.91	1.32	1.56	1.30	1.13	1.43	2.26	1.52	1.60

TABLE 17.—*Chickens sold: Number and value, by States, census years, 1919 and 1929*

State	1919		1929	
	Thousand chickens	*Thousand dollars*	*Thousand chickens*	*Thousand dollars*
Maine	737	907	1,845	2,614
New Hampshire	433	538	1,680	2,575
Vermont	337	430	661	895
Massachusetts	996	1,218	2,830	4,460
Rhode Island	143	200	318	525
Connecticut	532	714	1,847	2,780
New York	4,105	4,068	9,194	10,607
New Jersey	1,377	1,941	4,344	6,263
Pennsylvania	6,758	7,447	13,310	15,953
Ohio	9,197	8,668	16,400	16,248
Indiana	8,519	7,666	14,088	13,427
Illinois	12,483	11,477	18,405	17,408
Michigan	4,783	4,385	8,724	8,575
Wisconsin	4,007	3,421	8,305	7,389
Minnesota	5,023	3,975	11,985	9,489
Iowa	12,399	11,161	22,102	19,428
Missouri	10,401	8,499	18,218	14,836
North Dakota	846	552	2,662	1,828
South Dakota	1,846	1,478	5,864	4,458
Nebraska	4,090	3,334	9,942	7,751
Kansas	6,106	4,763	12,817	9,712
Delaware	435	441	2,071	2,235
Maryland	1,619	1,541	3,563	3,774
District of Columbia	3	4	7	7
Virginia	4,701	3,468	7,648	6,951
West Virginia	1,772	1,513	2,443	2,318
North Carolina	3,150	2,146	5,028	4,399
South Carolina	1,113	765	2,021	1,864
Georgia	1,957	1,252	3,754	2,982
Florida	616	530	1,610	1,612
Kentucky	3,713	2,625	5,963	4,900
Tennessee	4,430	3,167	6,437	5,161
Alabama	1,847	1,153	3,113	2,433
Mississippi	1,502	936	2,683	2,078
Arkansas	1,815	1,226	3,752	2,827
Louisiana	475	322	1,524	1,209
Oklahoma	3,340	2,433	8,360	6,095
Texas	3,829	2,567	10,707	7,721
Montana	605	424	1,024	781
Idaho	449	326	1,124	898
Wyoming	154	126	354	286
Colorado	785	636	2,227	1,773
New Mexico	154	130	409	322
Arizona	148	132	438	402
Utah	276	188	1,533	1,184
Nevada	57	46	201	192
Washington	1,482	1,141	5,200	4,481
Oregon	909	734	1,850	1,708
California	4,357	2,909	13,861	14,699
United States	140,811	119,723	284,626	262,516

Bureau of the Census.

TABLE 18.—*Chickens: Estimated number sold from farms, 1931–35*

State	1931	1932	1933	1934	1935
	Thousands	*Thousands*	*Thousands*	*Thousands*	*Thousands*
Maine	2,695	2,780	2,975	2,735	2,713
New Hampshire	2,295	2,215	2,547	2,410	2,502
Vermont	918	959	1,151	929	979
Massachusetts	4,445	4,725	5,011	4,447	4,560
Rhode Island	535	539	583	536	579
Connecticut	3,070	3,105	3,416	3,032	3,315
New York	12,675	14,540	15,429	13,943	15,370
New Jersey	5,785	6,165	6,474	6,376	6,685
Pennsylvania	16,330	15,860	16,939	16,349	18,765
Ohio	20,385	20,800	22,790	20,640	20,914
Indiana	17,960	18,680	19,637	17,586	18,236
Illinois	23,040	22,860	24,221	24,193	23,366
Michigan	12,115	11,915	13,466	11,914	11,712
Wisconsin	12,880	11,690	12,816	12,991	13,456
Minnesota	18,330	17,455	18,144	16,178	15,284
Iowa	33,736	31,310	34,457	33,738	31,354
Missouri	20,870	22,330	22,965	22,053	17,786
North Dakota	3,995	3,100	3,647	3,308	2,313
South Dakota	9,280	8,165	9,535	6,807	5,248
Nebraska	15,230	14,230	15,553	17,168	12,322
Kansas	20,235	19,850	21,409	21,254	16,378
Delaware	2,270	2,406	2,632	2,538	3,089
Maryland	4,100	4,665	4,432	4,007	4,444
Virginia	8,030	9,430	8,773	8,615	9,445
West Virginia	2,002	2,475	2,347	2,560	2,603
North Carolina	4,390	5,010	4,811	4,381	4,209
South Carolina	2,515	2,340	2,189	2,146	2,242
Georgia	3,500	3,840	3,453	2,951	3,112
Florida	1,695	1,495	1,345	1,099	1,116
Kentucky	6,121	6,810	6,853	6,647	7,310
Tennessee	6,781	6,905	7,341	7,073	7,444
Alabama	3,620	3,965	3,722	3,261	3,487
Mississippi	3,110	3,010	3,127	2,663	2,809
Arkansas	3,715	3,830	4,190	3,525	2,940
Louisiana	1,190	1,227	1,135	1,149	981
Oklahoma	10,148	10,100	9,807	9,123	7,371
Texas	14,215	13,535	13,333	13,428	10,863
Montana	1,680	1,585	1,459	1,430	1,083
Idaho	1,637	1,495	1,473	1,693	1,626
Wyoming	659	486	552	539	421
Colorado	2,865	2,560	2,573	2,928	2,082
New Mexico	665	730	744	685	461
Arizona	625	590	647	637	616
Utah	2,655	2,264	2,264	2,131	2,184
Nevada	339	290	263	238	237
Washington	6,798	7,515	7,269	7,148	6,923
Oregon	2,945	2,477	2,529	2,479	2,411
California	21,222	17,690	16,455	17,747	20,004
United States	376,346	371,998	388,883	371,408	355,350

TABLE 19.—*Chickens: Estimated number consumed on farms, 1931–35*

State	1931	1932	1933	1934	1935
	Thousands	*Thousands*	*Thousands*	*Thousands*	*Thousands*
Maine	485	535	562	478	502
New Hampshire	235	225	270	216	227
Vermont	390	420	420	399	391
Massachusetts	470	515	567	505	505
Rhode Island	71	80	84	71	71
Connecticut	380	400	440	387	406
New York	4,040	4,650	4,928	4,336	4,249
New Jersey	640	715	765	711	754
Pennsylvania	5,460	5,740	5,453	5,344	5,397
Ohio	7,130	7,200	8,060	7,093	7,727
Indiana	7,500	7,815	7,971	7,174	7,389
Illinois	9,650	10,420	10,524	9,682	9,876
Michigan	4,350	4,960	5,505	4,569	4,706
Wisconsin	6,076	6,015	7,218	5,990	6,409
Minnesota	7,000	7,490	8,314	7,150	7,078
Iowa	8,790	9,320	10,252	9,640	9,165
Missouri	11,860	12,690	13,452	13,048	12,004
North Dakota	2,785	3,065	3,249	2,924	2,491
South Dakota	3,530	3,460	3,979	2,865	3,295
Nebraska	6,860	7,340	7,707	6,617	6,222
Kansas	9,540	10,590	11,543	10,273	9,759
Delaware	470	540	535	482	496
Maryland	2,060	2,345	2,180	1,853	2,038
Virginia	7,090	7,800	7,400	7,770	8,003
West Virginia	2,660	2,925	2,633	2,528	2,477
North Carolina	7,930	8,330	8,580	8,237	8,484
South Carolina	4,470	4,695	4,272	4,272	4,272
Georgia	6,985	6,985	7,385	7,088	6,805
Florida	1,280	1,280	1,330	1,264	1,201
Kentucky	7,394	8,135	8,135	8,460	8,291
Tennessee	6,440	6,825	6,962	6,332	6,459
Alabama	6,055	6,175	6,484	5,836	5,836
Mississippi	6,000	6,300	5,922	6,100	5,917
Arkansas	5,540	6,265	5,952	5,535	4,760
Louisiana	4,110	4,235	4,447	4,447	4,092
Oklahoma	9,180	9,455	9,833	8,751	8,313
Texas	16,575	18,235	17,323	15,937	14,662
Montana	1,855	1,760	1,760	1,619	1,554
Idaho	1,565	1,410	1,509	1,358	1,290
Wyoming	650	630	693	624	624
Colorado	2,180	2,095	2,242	2,354	1,765
New Mexico	640	705	754	686	514
Arizona	240	265	291	233	233
Utah	620	558	636	591	532
Nevada	85	80	85	81	80
Washington	2,635	2,635	2,714	2,578	2,449
Oregon	1,860	1,823	1,896	1,877	1,821
California	3,190	3,030	3,424	3,253	3,253
United States	207,001	219,161	226,640	209,626	204,844

TABLE 20.—*Chicken eggs produced, by States, census years, 1909–34*

State	1909	1919	1924	1929	1934
	1,000 dozen	1,000 dozen	1,000 dozen	1,000 dozen	1,000 dozen
Maine	14,876	9,977	13,613	13,737	12,844
New Hampshire	7,470	5,005	8,181	8,537	10,694
Vermont	7,002	5,167	6,372	6,680	5,923
Massachusetts	13,961	9,604	14,325	18,102	24,080
Rhode Island	2,862	1,537	2,274	2,469	2,458
Connecticut	8,498	6,342	11,775	13,578	16,208
New York	71,191	62,175	87,167	97,927	97,167
New Jersey	14,591	13,280	27,417	35,956	36,445
Pennsylvania	73,683	75,998	102,048	119,624	112,217
Ohio	100,284	102,377	112,893	135,990	120,976
Indiana	80,029	83,101	86,975	103,540	80,685
Illinois	99,118	105,758	113,021	136,829	109,541
Michigan	59,556	55,987	68,209	77,402	79,081
Wisconsin	50,270	53,222	60,584	89,500	93,196
Minnesota	53,324	60,250	76,322	107,304	102,576
Iowa	108,663	120,697	133,776	188,336	147,422
Mississippi	110,922	117,204	129,290	180,350	118,284
North Dakota	17,069	20,820	20,988	27,889	19,795
South Dakota	24,641	30,352	35,104	53,052	29,837
Nebraska	46,461	49,133	54,811	85,555	68,423
Kansas	81,088	76,137	93,267	135,542	91,385
Delaware	4,395	3,908	6,381	11,201	6,531
Maryland	15,239	15,086	20,069	27,709	21,065
Dist. of Columbia	51	43	69	102	107
Virginia	34,539	36,551	39,044	55,349	43,067
West Virginia	18,949	21,708	22,125	27,930	21,696
North Carolina	23,179	24,841	25,587	39,301	33,601
South Carolina	10,983	12,812	11,109	15,907	12,377
Georgia	20,606	23,182	19,838	30,534	23,034
Florida	6,349	6,531	9,577	14,424	11,699
Kentucky	43,782	42,225	37,045	53,960	39,705
Tennessee	41,244	48,707	41,039	57,320	41,171
Alabama	21,946	23,437	19,467	34,564	28,170
Mississippi	20,337	23,783	16,185	30,436	23,844
Arkansas	26,487	28,169	23,923	39,130	27,424
Louisiana	14,423	13,136	10,472	22,462	14,007
Oklahoma	45,356	45,440	51,477	80,514	45,743
Texas	77,378	70,264	74,552	154,355	106,785
Montana	5,950	11,858	13,403	15,429	13,221
Idaho	6,434	8,605	11,708	16,399	13,630
Wyoming	2,071	3,166	4,337	5,777	4,578
Colorado	10,578	14,172	18,561	27,343	20,928
New Mexico	2,961	3,063	4,075	6,791	5,266
Arizona	1,732	2,525	3,741	5,081	3,723
Utah	4,645	5,709	9,017	18,463	18,892
Nevada	862	895	1,437	2,146	1,884
Washington	16,374	21,356	42,030	71,429	56,535
Oregon	11,835	14,626	20,658	28,343	25,208
California	40,735	64,124	97,907	159,421	117,779
United States	1,574,979	1,654,045	1,913,245	2,689,719	2,160,907

Bureau of the Census

TABLE 21.—*Eggs: Estimated number laid, by States, 1931–35*

State	1931	1932	1933	1934	1935
	Millions	*Millions*	*Millions*	*Millions*	*Millions*
Maine	181	185	198	191	184
New Hampshire	112	113	126	126	128
Vermont	83	82	86	83	79
Massachusetts	244	244	246	253	242
Rhode Island	33	33	36	37	35
Connecticut	179	192	203	210	206
New York	1,244	1,225	1,270	1,301	1,323
New Jersey	438	443	467	475	498
Pennsylvania	1,550	1,504	1,514	1,571	1,616
Ohio	1,721	1,646	1,592	1,579	1,625
Indiana	1,291	1,219	1,173	1,150	1,165
Illinois	1,703	1,606	1,597	1,573	1,534
Michigan	1,012	1,057	1,036	1,016	986
Wisconsin	1,268	1,163	1,166	1,272	1,285
Minnesota	1,452	1,316	1,332	1,281	1,251
Iowa	2,562	2,320	2,356	2,333	2,237
Missouri	2,286	2,076	2,024	1,814	1,729
North Dakota	330	275	284	255	227
South Dakota	706	556	582	467	418
Nebraska	1,181	1,027	1,051	1,002	915
Kansas	1,757	1,533	1,533	1,390	1,311
Delaware	148	140	137	134	135
Maryland	339	356	356	356	373
Virginia	683	713	721	702	742
West Virginia	343	336	324	311	319
North Carolina	429	425	435	442	432
South Carolina	194	177	178	174	176
Georgia	379	378	361	344	346
Florida	180	179	171	158	159
Kentucky	609	601	595	592	617
Tennessee	653	651	632	614	639
Alabama	438	425	415	408	401
Mississippi	353	358	328	308	319
Arkansas	446	483	469	429	368
Louisiana	260	246	243	237	227
Oklahoma	920	878	851	778	731
Texas	1,900	1,803	1,723	1,569	1,509
Montana	176	150	155	149	134
Idaho	225	210	193	188	168
Wyoming	75	68	65	62	56
Colorado	333	289	271	268	250
New Mexico	83	79	82	75	72
Arizona	64	58	58	60	55
Utah	319	274	253	273	254
Nevada	30	27	23	26	24
Washington	923	858	817	837	761
Oregon	331	334	299	314	310
California	2,276	1,997	1,801	1,819	1,682
United States	34,442	32,308	31,828	31,006	30,253

TABLE 22.—*Eggs: Value of chicken eggs produced, by States, census years, 1909–34*

State	1909	1919	1924	1929	1934
	1,000 dollars	*1,000 dollars*	*1,000 dollars*	*1,000 dollars*	*1,000 dollars*
Maine	3,770	5,487	5,717	5,811	3,314
New Hampshire	2,033	2,853	3,600	3,890	3,005
Vermont	1,703	2,738	2,549	2,704	1,457
Massachusetts	4,212	6,051	7,592	8,874	7,561
Rhode Island	838	907	1,206	1,218	732
Connecticut	2,451	3,805	5,887	6,393	4,700
New York	16,777	31,088	33,021	37,031	22,251
New Jersey	3,832	7,304	11,515	15,307	9,622
Pennsylvania	16,239	36,479	37,706	42,862	23,341
Ohio	19,610	42,998	35,474	43,149	20,324
Indiana	15,150	32,410	24,924	30,276	12,425
Illinois	18,751	40,188	32,286	39,738	16,979
Michigan	11,653	23,515	20,604	24,279	13,365
Wisconsin	9,431	20,224	17,444	26,198	15,098
Minnesota	9,640	21,690	20,956	28,987	14,771
Iowa	19,043	42,244	34,841	50,727	21,081
Missouri	19,230	42,193	35,243	47,573	16,086
North Dakota	2,985	7,079	4,870	6,700	2,534
South Dakota	4,155	10,016	8,786	13,449	3,879
Nebraska	7,903	16,705	13,346	21,539	8,758
Kansas	13,767	26,648	23,619	34,588	11,880
Delaware	956	1,993	2,361	4,066	1,319
Maryland	3,177	6,638	6,946	9,296	4,129
District of Columbia	15	22	23	36	21
Virginia	6,779	15,352	11,632	17,120	7,752
West Virginia	3,628	8,900	6,976	8,983	3,905
North Carolina	4,197	10,433	7,783	12,362	6,451
South Carolina	2,148	5,894	3,278	5,178	2,426
Georgia	3,940	9,736	5,709	9,485	4,354
Florida	1,370	3,069	3,545	4,832	2,691
Kentucky	7,529	15,201	10,072	15,389	5,995
Tennessee	7,142	18,022	11,067	15,909	6,258
Alabama	3,714	8,672	5,363	10,078	4,733
Mississippi	3,617	9,037	4,525	8,660	3,696
Arkansas	4,366	10,140	6,458	10,516	3,839
Louisiana	2,407	4,992	2,999	6,272	2,269
Oklahoma	7,454	16,358	12,707	20,165	6,221
Texas	11,860	25,998	18,937	38,617	15,591
Montana	1,590	4,625	3,494	4,244	2,010
Idaho	1,531	3,442	3,185	4,570	2,044
Wyoming	494	1,298	1,202	1,639	778
Colorado	2,420	5,669	5,094	7,369	3,097
New Mexico	678	1,347	1,209	2,003	906
Arizona	526	1,187	1,325	1,955	879
Utah	990	2,112	2,518	5,313	3,061
Nevada	260	430	519	683	377
Washington	4,277	10,038	13,920	22,575	10,402
Oregon	2,887	6,435	6,291	9,134	4,437
California	10,170	31,421	31,615	51,519	22,378
United States	303,296	661,083	571,939	799,261	365,182

Bureau of the Census.

TABLE 23.—*Eggs: Value of chicken eggs produced on farms, by States, 1931-35*

State	1931	1932	1933	1934	1935
	1,000 dollars	*1,000 dollars*	*1,000 dollars*	*1,000 dollars*	*1,000 dollars*
Maine	4,434	3,792	3,614	4,107	4,815
New Hampshire	2,901	2,463	2,510	2,951	3,595
Vermont	1,851	1,533	1,484	1,702	1,955
Massachusetts	7,369	6,198	5,781	6,620	7,260
Rhode Island	888	762	774	919	1,000
Connecticut	4,815	4,320	4,364	5,075	5,802
New York	26,000	21,315	20,955	24,827	32,103
New Jersey	10,600	8,816	9,106	10,450	13,197
Pennsylvania	29,450	22,861	22,205	27,231	35,552
Ohio	26,159	19,423	18,308	22,106	31,822
Indiana	17,428	12,678	11,828	14,758	21,261
Illinois	22,820	16,702	15,837	20,318	27,996
Michigan	15,382	12,895	11,569	14,309	19,474
Wisconsin	17,498	13,374	12,729	17,172	24,630
Minnesota	17,714	12,897	12,765	15,372	22,309
Iowa	31,513	22,736	21,793	27,802	39,707
Missouri	26,975	19,099	17,373	20,559	29,825
North Dakota	3,465	2,310	2,319	2,720	3,802
South Dakota	7,625	4,948	4,850	5,059	7,141
Nebraska	12,637	8,832	8,758	10,688	15,402
Kansas	19,503	13,030	12,647	15,058	22,068
Delaware	2,842	2,128	1,964	2,256	2,858
Maryland	6,034	4,877	4,836	5,815	7,833
Virginia	10,928	8,699	8,892	10,530	14,222
West Virginia	5,694	5,099	4,050	4,665	6,061
North Carolina	7,036	5,312	5,546	7,072	8,280
South Carolina	3,473	2,390	2,403	2,842	3,373
Georgia	6,140	4,838	4,603	5,418	6,632
Florida	3,564	2,828	2,707	3,028	3,591
Kentucky	8,039	5,950	5,702	7,449	10,643
Tennessee	8,554	6,315	6,057	7,777	10,863
Alabama	6,088	4,590	4,496	5,712	6,817
Mississippi	4,801	3,652	3,389	3,978	5,343
Arkansas	5,352	4,395	4,143	5,005	6,256
Louisiana	3,848	2,706	2,693	3,200	3,991
Oklahoma	9,936	7,112	7,304	8,817	12,244
Texas	21,850	15,326	15,507	19,090	25,905
Montana	2,306	1,830	1,757	1,887	2,580
Idaho	2,700	2,247	2,252	2,350	3,010
Wyoming	1,148	891	807	878	1,157
Colorado	4,496	3,092	2,823	3,305	4,708
New Mexico	1,258	940	977	1,075	1,476
Arizona	1,350	969	957	1,180	1,343
Utah	4,434	3,261	3,057	3,686	4,847
Nevada	498	402	353	433	520
Washington	14,491	11,240	11,166	12,834	15,030
Oregon	4,733	4,175	3,862	4,605	5,864
California	37,782	28,557	25,814	28,801	35,322
United States	496,397	373,805	359,686	433,491	581,575

TABLE 24.—*Eggs: Estimated number sold except for hatching, by States, 1931–1935*

State	1931	1932	1933	1934	1935
	Millions	*Millions*	*Millions*	*Millions*	*Millions*
Maine	137	140	152	150	144
New Hampshire	92	92	104	105	106
Vermont	54	53	56	54	51
Massachusetts	200	201	202	212	202
Rhode Island	27	27	30	31	29
Connecticut	145	160	170	180	176
New York	963	933	964	1,018	1,042
New Jersey	377	383	405	415	438
Pennsylvania	1,245	1,213	1,216	1,282	1,318
Ohio	1,339	1,273	1,210	1,227	1,277
Indiana	976	906	869	866	877
Illinois	1,226	1,125	1,099	1,115	1,083
Michigan	729	778	756	746	707
Wisconsin	917	828	810	918	951
Minnesota	1,073	939	969	964	917
Iowa	1,963	1,729	1,744	1,794	1,687
Missouri	1,826	1,614	1,588	1,443	1,363
North Dakota	156	99	113	113	86
South Dakota	504	358	398	304	256
Nebraska	849	680	696	694	610
Kansas	1,356	1,139	1,140	1,054	986
Delaware	127	120	116	112	112
Maryland	271	288	289	290	311
Virginia	462	485	513	499	539
West Virginia	233	229	223	210	223
North Carolina	156	139	164	177	161
South Carolina	74	57	59	56	60
Georgia	177	171	152	133	144
Florida	122	124	121	108	110
Kentucky	313	295	305	302	328
Tennessee	417	403	382	361	388
Alabama	197	182	173	162	162
Mississippi	111	115	99	86	107
Arkansas	161	205	192	199	160
Louisiana	76	63	71	67	74
Oklahoma	490	468	452	406	376
Texas	1,080	980	892	783	758
Montana	81	46	55	59	47
Idaho	149	142	121	125	105
Wyoming	40	36	34	32	26
Colorado	215	176	154	158	143
New Mexico	43	39	40	36	38
Arizona	49	43	43	46	42
Utah	277	235	213	235	217
Nevada	22	19	15	18	16
Washington	784	715	677	704	627
Oregon	234	244	209	231	231
California	2,015	1,756	1,564	1,607	1,462
United States	24,530	22,445	22,019	21,909	21,273

TABLE 25.—*Eggs: Estimated number consumed on farms, by States, 1931–35*

State	1931	1932	1933	1934	1935
	Millions	Millions	Millions	Millions	Millions
Maine	37	38	38	35	33
New Hampshire	15	16	16	16	16
Vermont	26	26	27	26	25
Massachusetts	34	32	32	31	29
Rhode Island	5	5	5	5	5
Connecticut	26	24	25	23	22
New York	244	249	261	245	238
New Jersey	46	44	46	45	43
Pennsylvania	258	241	248	241	243
Ohio	323	309	315	293	284
Indiana	260	255	245	233	231
Illinois	407	407	423	389	377
Michigan	246	241	239	237	242
Wisconsin	311	296	311	314	289
Minnesota	323	323	307	270	283
Iowa	507	502	512	451	460
Missouri	391	383	360	302	302
North Dakota	160	162	156	131	130
South Dakota	176	173	156	147	141
Nebraska	286	300	303	264	264
Kansas	338	328	321	276	270
Delaware	15	15	16	16	15
Maryland	54	52	53	52	48
Virginia	188	190	175	168	165
West Virginia	100	95	90	90	85
North Carolina	246	256	243	238	243
South Carolina	105	105	106	104	102
Georgia	179	184	186	190	180
Florida	51	49	44	44	44
Kentucky	267	272	258	258	255
Tennessee	208	216	220	224	220
Alabama	220	220	220	227	218
Mississippi	222	222	211	203	193
Arkansas	263	255	255	212	191
Louisiana	172	172	160	158	142
Oklahoma	389	366	359	337	320
Texas	751	751	766	728	692
Montana	88	97	93	84	81
Idaho	69	62	65	57	56
Wyoming	32	30	28	28	28
Colorado	108	103	106	99	99
New Mexico	37	37	39	36	32
Arizona	13	13	13	12	11
Utah	35	33	33	33	31
Nevada	7	7	7	7	7
Washington	119	121	119	113	113
Oregon	86	80	80	74	70
California	211	199	193	170	165
United States	8,654	8,556	8,484	7,936	7,733

TABLE 26.—*Eggs: Estimated number laid per 100 hens and pullets of laying age in farm flocks of crop reporters on the first day of each month, by geographic divisions and United States, 1932–36*

Division and year	January	February	March	April	May	June	July	August	September	October	November	December
	Number	Number	Number	Number	Number	Number	Number	Number	Number	Number	Number	Number
North Atlantic:												
1932	25.7	35.5	42.4	53.1	58.8	54.9	47.3	43.3	38.1	26.6	18.9	18.3
1933	23.5	36.0	41.1	53.0	58.7	54.2	45.8	43.2	38.3	26.6	18.3	18.5
1934	25.4	32.4	35.7	53.9	58.7	54.6	48.0	44.1	38.0	22.9	19.8	21.3
1935	25.5	29.5	40.7	57.3	59.4	54.8	49.7	44.8	38.9	29.2	22.2	23.6
1936	26.6	30.9	40.5	58.0	59.3	54.4	48.8	44.1	39.0	29.1		
North Central:												
1932	17.9	24.5	37.1	48.7	56.6	49.7	42.5	36.3	34.0	25.1	15.6	10.4
1933	14.1	29.1	32.8	51.4	56.2	51.3	39.2	36.1	31.2	22.4	13.7	11.1
1934	15.9	24.0	33.9	49.9	55.3	48.0	40.6	31.0	29.1	22.9	15.5	13.1
1935	13.6	18.9	33.5	53.0	56.6	51.8	44.7	37.9	32.6	24.5	17.3	13.6
1936	16.8	20.0	26.2	53.9	58.1	52.6	44.8	33.6	30.7	24.2		
South Atlantic:												
1932	23.8	33.9	46.0	50.6	52.1	46.0	40.4	35.0	29.1	23.8	19.6	15.1
1933	17.2	31.3	39.3	51.1	50.2	44.9	37.8	34.8	29.1	23.2	18.8	16.6
1934	22.3	28.8	34.3	49.3	51.7	45.0	39.1	36.0	31.4	25.9	20.3	17.6
1935	19.9	24.3	39.7	53.1	50.1	45.5	40.4	36.4	31.0	24.5	22.0	20.3
1936	18.6	25.5	38.4	53.2	52.0	46.2	41.6	37.5	32.7	25.3		
South Central:												
1932	19.7	30.1	46.1	52.2	51.6	45.0	39.8	32.6	29.1	23.9	18.7	14.0
1933	12.6	32.3	37.0	52.6	49.9	43.5	34.7	30.8	24.5	21.1	18.2	14.4
1934	19.0	26.8	37.5	49.6	50.6	42.8	35.0	28.8	24.5	22.9	19.8	16.6
1935	16.6	20.6	39.7	53.9	49.6	44.1	38.9	33.7	27.3	24.8	21.2	16.9
1936	18.1	24.9	38.3	54.3	51.3	46.4	38.4	32.5	25.2	22.2		

Western:											
1932	21.6	29.1	43.6	55.5	58.5	53.6	48.3	44.8	40.4	30.9	20.2	18.6
1933	18.1	30.6	39.5	57.0	57.6	55.1	48.9	42.6	37.1	30.1	21.3	18.4
1934	22.5	31.4	47.3	58.4	59.2	53.1	48.2	42.4	36.4	28.2	20.9	18.4
1935	23.2	28.6	46.8	55.8	58.7	54.4	48.5	43.7	39.6	31.0	22.4	18.8
1936	26.2	34.0	42.1	58.1	59.0	54.1	49.2	43.0	37.5	30.4		
United States:												
1932	20.0	28.0	40.8	50.7	55.6	49.4	42.9	37.1	33.7	25.5	17.4	13.1
1933	15.4	30.7	35.7	52.3	54.9	49.9	39.9	36.4	31.0	23.5	16.3	13.7
1934	18.7	26.5	36.2	51.1	54.8	47.9	40.9	33.5	30.1	24.3	17.7	15.6
1935	16.9	27.7	37.3	53.9	55.2	50.3	44.1	38.2	32.8	25.9	19.5	16.3
1936	19.1	24.0	32.6	54.7	56.5	51.2	44.2	35.8	31.4	25.1		

TABLE 27.—*Eggs: Estimated number laid per farm flock on the first day of each month, by geographic divisions, 1932–36*

Division and year	January	February	March	April	May	June	July	August	September	October	November	December
	Number	Number	Number	Number	Number	Number	Number	Number	Number	Number	Number	Number
North Atlantic:												
1932	24.6	31.8	38.5	46.7	49.9	45.1	37.2	32.7	28.6	21.4	16.0	17.0
1933	23.1	34.3	38.8	47.4	51.0	44.9	35.8	32.1	27.5	21.0	16.0	17.5
1934	24.9	30.8	34.1	48.3	50.8	45.4	37.9	32.7	28.2	22.8	16.7	19.3
1935	24.2	27.6	37.2	50.8	50.9	44.5	38.4	33.9	28.7	23.1	19.7	22.8
1936	25.7	29.5	39.0	53.1	52.1	45.3	37.9	33.8	29.1			
North Central:												
1932	21.3	29.0	41.6	53.1	56.1	47.8	38.2	30.8	28.4	22.6	15.2	11.5
1933	16.9	34.7	37.0	57.5	59.4	51.1	35.5	30.9	26.2	20.0	13.6	12.5
1934	19.3	28.6	39.0	55.6	57.8	46.6	36.4	25.6	23.5	19.7	14.5	14.0
1935	15.0	20.6	35.0	53.4	54.2	46.4	37.3	29.8	25.1	21.4	16.4	14.7
1936	19.1	22.2	28.1	56.1	57.2	48.6	27.9	26.6	23.9			
South Atlantic:												
1932	13.8	19.3	26.0	26.9	25.7	21.5	18.9	15.8	13.3	11.9	10.1	8.4
1933	10.4	18.5	22.2	28.4	25.6	21.7	17.6	15.1	12.8	11.1	9.9	9.2
1934	13.0	16.1	18.6	25.1	25.3	20.8	17.8	15.8	13.7	12.5	10.4	9.4
1935	11.0	13.3	21.8	27.4	24.0	20.7	17.7	15.6	13.4	11.8	11.4	11.4
1936	10.5	13.8	20.8	27.1	24.7	21.3	18.7	16.3	14.1			
South Central:												
1932	13.1	19.5	29.1	30.2	28.2	23.3	20.2	16.4	14.6	13.4	11.0	8.8
1933	8.8	21.9	23.9	32.8	28.3	23.4	17.3	15.3	12.4	11.7	10.6	8.7
1934	12.0	16.6	22.4	28.6	27.4	21.7	16.8	13.3	11.5	11.5	10.5	9.6
1935	10.0	12.1	22.2	28.6	24.3	20.4	17.4	15.0	12.2	12.4	11.4	9.5
1936	10.5	14.2	21.4	29.4	25.7	21.9	17.2	15.4	12.3			

Western:												
1932	15.8	21.2	31.4	38.7	40.8	35.6	30.1	27.1	25.3	19.3	13.4	12.3
1933	12.5	21.9	25.6	38.3	38.8	35.9	29.3	25.2	21.9	18.1	13.5	12.7
1934	15.9	22.5	32.9	40.9	39.2	33.6	29.0	25.3	21.5	16.3	13.1	12.6
1935	15.7	18.8	30.4	35.9	36.7	32.7	27.9	24.5	22.0	18.4	13.7	12.1
1936	17.2	23.3	27.2	38.1	37.9	33.2	29.2	25.1	21.7			
United States:												
1932	17.2	23.9	33.9	39.6	40.9	34.1	28.3	23.3	21.0	17.4	12.9	10.6
1933	13.3	26.8	29.5	42.3	41.3	35.4	26.0	22.7	19.1	15.7	12.0	11.0
1934	16.0	22.2	29.2	39.9	40.4	33.0	26.3	20.5	18.1	15.7	12.6	12.0
1935	13.4	16.9	28.4	39.3	37.7	32.3	26.8	22.4	18.9	16.7	14.0	12.8
1936	15.1	18.7	25.4	40.8	39.5	33.8	27.2	21.6	18.6			

TABLE 28.—*Poultry, dressed: Quantities inspected [1] and canned or used in canning by plants, 1932–35*

Month	1932	1933	1934	1935
	1,000 pounds	*1,000 pounds*	*1,000 pounds*	*1,000 pounds*
January	1,268	1,461	1,507	2,289
February	1,413	1,546	1,219	2,127
March	1,570	1,233	1,851	2,055
April	1,137	762	1,353	1,386
May	1,186	703	1,298	1,850
June	1,039	950	1,453	1,936
July	550	795	1,693	2,477
August	625	1,270	1,505	1,994
September	483	1,074	1,418	1,001
October	976	1,152	1,206	1,226
November	1,310	1,458	1,627	1,613
December	1,337	1,359	1,801	2,023
Total	12,894	13,763	17,931	21,977

[1] Inspected and certified for condition and wholesomeness.

TABLE 29.—*Poultry, live: Freight receipts at New York City, 1930–35*

Month	1930	1931	1932	1933	1934	1935
	Cars	*Cars*	*Cars*	*Cars*	*Cars*	*Cars*
January	841	854	715	709	772	566
February	735	820	741	648	624	426
March	813	1,004	860	685	730	449
April	954	773	808	734	596	494
May	772	713	640	560	610	400
June	705	713	632	516	495	349
July	781	677	559	422	490	336
August	849	743	687	655	599	358
September	1,085	1,048	794	732	687	444
October	1,014	844	849	782	650	525
November	986	911	937	904	678	551
December	1,142	1,052	904	803	710	489
Total	10,677	10,152	9,126	8,150	7,641	5,387

TABLE 30.—*Poultry, live: Express receipts [1] at New York City, 1930-35*

Month	1930	1931	1932	1933	1934	1935
	Cars	Cars	Cars	Cars	Cars	Cars
January	25	25	15	11	7	11
February	13	19	15	14	8	15
March	25	17	11	11	12	15
April	42	20	11	8	8	11
May	51	27	12	8	8	8
June	63	40	19	10	10	10
July	77	42	16	10	9	11
August	46	28	14	10	11	10
September	49	24	11	9	10	10
October	41	18	10	6	9	12
November	23	12	13	8	10	11
December	21	13	13	8	9	13
Total	476	285	160	113	111	137

[1] Converted on basis of 16,000 pounds per car.

TABLE 31.—*Poultry, live: Truck receipts at New York City, 1930-35*

Month	1930	1931	1932	1933	1934	1935
	Cars	Cars	Cars	Cars	Cars	Cars
January	78	58	114	114	94	176
February	50	64	116	134	74	188
March	72	108	161	177	167	232
April	152	139	159	188	170	297
May	181	177	232	271	298	271
June	195	224	302	375	307	283
July	213	245	252	292	230	275
August	99	110	176	211	250	292
September	117	117	172	185	314	284
October	118	86	126	154	203	333
November	58	75	107	106	163	223
December	53	95	131	109	158	303
Total	1,386	1,498	2,048	2,316	2,428	3,157

TABLE 32.—*Live poultry: Total receipts by freight, express, and truck at New York City, by State of origin, 1931–35*

State	1931	1932	1933	1934	1935
	1,000 pounds	*1,000 pounds*	*1,000 pounds*	*1,000 pounds*	*1,000 pounds*
Maine	1,124	1,237	1,231	418	629
New Hampshire	2,853	3,947	4,135	3,531	3,639
Vermont	525	279	91	94	39
Massachusetts	5,695	6,111	7,142	5,895	4,812
Rhode Island	1,181	1,425	1,078	2,068	3,596
Connecticut	1,776	2,300	2,432	3,366	6,434
New York	6,707	5,456	7,616	7,954	9,127
New Jersey	1,770	1,703	1,167	3,101	1,804
Pennsylvania	1,522	2,042	2,426	4,798	3,688
Ohio	5,377	7,451	7,481	5,408	6,149
Indiana	15,080	16,915	17,941	16,082	12,631
Illinois	15,650	13,642	19,764	18,076	19,110
Michigan	1	33	48	(¹)	(¹)
Wisconsin	3,072	1,088	160	32	32
Minnesota	2,993	928	465	450	75
Iowa	11,733	9,579	6,913	6,706	3,024
Missouri	26,411	29,486	25,828	26,672	12,449
North Dakota	1,216	768	352	97	32
South Dakota	4,800	4,350	2,512	2,364	496
Nebraska	15,760	12,832	6,932	10,544	3,568
Kansas	7,152	6,880	4,087	3,777	1,040
Delaware	5,049	8,207	9,781	9,019	15,033
Maryland	2,448	4,586	3,325	1,950	1,865
District of Columbia	72	52	43	9	2
Virginia	2,295	2,581	3,195	1,851	3,692
West Virginia	82	66	35	12	8
North Carolina	1,040	993	960	338	1,225
South Carolina	946	707	392	145	466
Georgia	1,000	561	145	(¹)	65
Florida	48	64	2	(¹)	(¹)
Kentucky	9,496	9,551	11,817	9,542	8,826
Tennessee	13,714	11,068	13,059	10,776	15,258
Alabama	2,657	2,416	1,584	576	256
Mississippi	1,200	960	736	529	384
Arkansas	5,744	4,640	3,968	4,864	2,752
Louisiana	(¹)	192	48		
Oklahoma	11,648	7,134	3,968	5,488	2,224
Texas	3,728	2,928	2,000	1,184	672
Wyoming	16			16	
Colorado	384	272	32	16	64
Arizona		(¹)			
United States	193,965	185,430	173,911	167,748	145,216

¹ Less than 500 pounds.

TABLE 33.—*Live poultry: Receipts at New York City by State of origin, by freight, as percentage of total live-poultry receipts, 1931–35*

State	1931	1932	1933	1934	1935
	Percent	Percent	Percent	Percent	Percent
New York					0.18
Pennsylvania	8.41	3.14	0.70		
Ohio	99.68	98.99	98.81	99.41	99.92
Indiana	99.94	99.42	97.38	97.60	99.06
Illinois	99.99	99.81	99.89	99.84	99.72
Michigan		96.97	100.00		
Wisconsin	100.00	100.00	100.00	100.00	100.00
Minnesota	100.00	100.00	99.78	99.56	85.33
Iowa	99.81	99.89	99.99	99.97	100.00
Missouri	99.96	99.79	99.80	100.00	99.99
North Dakota	100.00	100.00	100.00	98.97	100.00
South Dakota	100.00	99.68	100.00	99.49	100.00
Nebraska	100.00	100.00	99.71	100.00	100.00
Kansas	100.00	100.00	99.44	99.97	100.00
Maryland	.61			2.46	
Virginia	66.92	40.91	17.03	19.88	9.53
West Virginia			45.71		
North Carolina	96.92	80.56	57.14	42.60	28.73
South Carolina	99.79	99.58	97.96	77.24	99.57
Georgia	99.20	99.82	99.31		98.46
Florida	100.00	100.00			
Kentucky	99.94	99.84	99.11	97.25	94.09
Tennessee	99.98	99.75	98.63	91.76	77.81
Alabama	99.96	100.00	100.00	100.00	100.00
Mississippi	100.00	100.00	100.00	99.81	100.00
Arkansas	100.00	100.00	100.00	100.00	100.00
Louisiana		100.00	100.00		
Oklahoma	100.00	99.80	100.00	100.00	100.00
Texas	100.00	100.00	100.00	100.00	100.00
Wyoming	100.00			100.00	
Colorado	100.00	100.00	100.00	100.00	100.00
United States	83.74	78.74	74.98	72.88	59.35

TABLE 34.—*Live poultry: Receipts at New York City, by State of origin, by express, as percentage of total live-poultry receipts, 1931–35*

State	1931	1932	1933	1934	1935
	Percent	Percent	Percent	Percent	Percent
Maine	26.42	12.37	2.44	3.83	1.91
New Hampshire	24.29	7.37	1.84	1.05	.47
Vermont	89.52	96.06	80.22	92.55	100.00
Massachusetts	6.90	2.77	1.32	3.53	1.70
Rhode Island	3.81	1.33	.46	.34	.08
Connecticut	3.32	.70	.45	.09	.12
New York	24.51	13.21	7.75	8.07	7.48
New Jersey	3.33	2.88	2.23	.71	1.27
Pennsylvania	18.79	6.51	3.75	1.71	3.09
Ohio	.11	.20	.03	.04	.03
Indiana	.04	.02	.03	.01	.06
Illinois	.01	.03	.01	.03	
Michigan	100.00	3.03			
Minnesota			.22	.44	
Iowa	.05	.01	.01	.03	
Missouri	.01				.01
North Dakota				1.03	
Kansas			.02	.03	
Delaware	.12	.11	.02	.11	.04
Maryland	3.55	.74	.57	1.18	1.55
District of Columbia	61.11	57.69	76.74	100.00	100.00
Virginia	18.35	23.06	21.41	19.99	16.71
West Virginia	18.29	6.06	28.57	25.00	62.50
North Carolina	1.35	2.32	2.65	1.48	2.37
South Carolina	.21	.42	2.04	1.38	.43
Georgia	.10	.18	.69		1.54
Florida			100.00		
Kentucky	.06	.06	.07	2.50	5.75
Tennessee	.01	.05	.11	.03	.01
Alabama	.04				
Mississippi				.19	
United States	2.36	1.38	1.04	1.06	1.51

TABLE 35.—*Live poultry: Receipts at New York City, by State of origin, by truck, as percentage of total live-poultry receipts, 1931–35*

State	1931	1932	1933	1934	1935
	Percent	Percent	Percent	Percent	Percent
Maine	73.58	87.63	97.56	96.17	98.09
New Hampshire	75.71	92.63	98.16	98.95	99.53
Vermont	10.48	3.94	19.78	7.45	
Massachusetts	93.10	97.23	98.68	96.47	98.30
Rhode Island	96.19	98.67	99.54	99.66	99.92
Connecticut	96.68	99.30	99.55	99.91	99.88
New York	75.49	86.79	92.25	91.93	92.34
New Jersey	96.67	97.12	97.77	99.29	98.73
Pennsylvania	72.80	90.35	95.55	98.29	96.91
Ohio	.21	.81	1.16	.55	.05
Indiana	.02	.56	2.59	2.39	.88
Illinois		.16	.10	.13	.28
Minnesota					14.67
Iowa	.14	.10			
Missouri	.03	.21	.20		
South Dakota		.32		.51	
Nebraska			.29		
Kansas			.54		
Delaware	99.88	99.89	99.98	99.89	99.96
Maryland	95.84	99.26	99.43	96.36	98.45
District of Columbia	38.89	42.31	23.26		
Virginia	14.73	36.03	61.56	60.13	73.76
West Virginia	81.71	93.94	25.72	75.00	37.50
North Carolina	1.73	17.12	40.21	55.92	68.90
South Carolina				21.38	
Georgia	.70				
Kentucky		.10	.82	.25	.16
Tennessee	.01	.20	1.26	8.21	22.18
Oklahoma		.20			
United States	13.90	19.88	23.98	26.06	39.14

TABLE 36.—*Poultry, live: Specified classes of poultry received at New York City by freight as a percentage[1] of receipts of all classes of live poultry, 1933-35*

Year and month	Fowl	Broilers	Chickens	Capons	Ducks and geese	Turkeys	Other classes	Total
1933	*Pct.*	*Pct.*	*Pct.*	*Pct.*	*Pct.*	*Pct.*	*Pct.*	*Pct.*
January	70.1	------	22.6	1.2	2.6	1.7	1.8	100
February	87.7	------	8.2	1.2	.8	.7	1.4	100
March	92.5	------	4.1	.6	.6	.4	1.8	100
April	95.0	------	1.8	.3	.5	.4	2.0	100
May	95.5	0.4	.5	.1	.5	.3	2.7	100
June	92.3	3.7	.7	------	.6	.3	2.4	100
July	81.0	6.6	9.1	------	.5	.2	2.6	100
August	61.2	3.7	32.4	------	.7	.1	1.9	100
September	48.6	.1	47.8	------	1.5	.1	1.9	100
October	48.5	------	47.9	------	1.8	.5	1.3	100
November	50.8	------	30.5	.1	6.3	11.2	1.1	100
December	65.2	------	20.7	.4	8.2	4.0	1.5	100
Average[2]	72.0	.9	20.6	.3	2.4	2.0	1.8	100
1934								
January	82.3	------	12.3	.7	2.2	.8	1.7	100
February	89.2	------	6.6	.6	1.2	.6	1.8	100
March	93.2	------	3.5	.3	.8	.5	1.7	100
April	93.9	.1	2.1	.1	.7	.3	2.8	100
May	94.1	.6	.4	------	.8	.5	3.6	100
June	91.1	2.9	.8	------	.7	.5	4.0	100
July	78.1	7.8	10.8	------	.7	.4	2.2	100
August	67.6	4.0	24.8	------	1.0	.1	2.5	100
September	52.1	.2	44.0	------	1.6	.4	1.7	100
October	58.2	------	38.3	------	1.4	.8	1.3	100
November	59.5	------	21.4	.1	3.8	13.8	1.4	100
December	76.4	.1	13.9	.3	4.1	4.0	1.2	100
Average[2]	77.6	1.1	15.4	.2	1.6	2.0	2.1	100
1935								
January	87.0	.1	7.7	.7	2.0	.9	1.6	100
February	92.8	------	3.9	.6	1.1	.6	1.0	100
March	94.4	------	2.7	.2	.9	.3	1.5	100
April	96.4	.1	1.0	------	.7	.3	1.5	100
May	93.6	2.2	.5	------	.6	.6	2.5	100
June	88.0	4.7	3.1	------	.5	.8	2.9	100
July	80.9	3.6	11.9	------	.5	.2	2.9	100
August	64.5	.9	31.8	------	.6	.1	2.1	100
September	51.6	.1	46.0	------	.8	.1	1.4	100
October	55.6	.1	41.5	------	1.4	.2	1.2	100
November	57.8	.1	23.6	.3	3.1	13.8	1.3	100
December	74.4	------	15.1	.5	4.3	4.4	1.3	100
Average[2]	77.5	.8	16.1	.2	1.5	2.2	1.7	100

[1] Based on space occupied in cars.
[2] Averages are the annual receipts of each class as a percentage of annual receipts of all classes.

TABLE 37.—*Poultry, live: Freight receipts at Chicago 1930-35*

Month	1930	1931	1932	1933	1934	1935
	Cars	Cars	Cars	Cars	Cars	Cars
January	58	79	39	12	6	9
February	53	59	25	6	5	10
March	64	78	31	12	25	16
April	94	74	33	23	34	36
May	68	70	13	3	10	13
June	83	47	11	2	11	13
July	77	60	17	1	32	14
August	116	74	35	3	32	8
September	133	66	23	11	48	12
October	135	70	28	27	41	15
November	141	82	40	35	37	14
December	119	78	23	20	24	15
Total	1,141	837	318	155	305	175

TABLE 38.—*Poultry, live: Express receipts at Chicago, 1930-35*

Month	1930	1931	1932	1933	1934	1935
	Cars	Cars	Cars	Cars	Cars	Cars
January	200	128	78	32	38	30
February	163	114	67	32	33	26
March	154	114	79	33	41	26
April	177	130	61	35	24	26
May	195	120	53	26	28	26
June	169	126	52	32	29	26
July	184	108	28	23	26	22
August	171	80	29	27	26	27
September	162	95	28	27	28	27
October	165	78	29	26	24	29
November	185	86	34	35	31	36
December	188	98	32	30	32	36
Total	2,113	1,277	570	358	360	337

TABLE 39.—*Poultry, live: Truck receipts at Chicago, 1930–35*

Month	1930	1931	1932	1933	1934	1935
	Cars	*Cars*	*Cars*	*Cars*	*Cars*	*Cars*
January	141	119	195	240	280	198
February	88	141	172	209	193	178
March	65	107	199	177	188	184
April	121	162	209	200	176	231
May	152	207	283	298	324	296
June	173	274	353	396	348	315
July	221	285	283	340	321	354
August	215	264	322	380	344	364
September	219	321	356	362	324	302
October	240	295	345	359	321	348
November	240	374	409	420	479	377
December	246	353	335	391	360	315
Total	2,121	2,902	3,461	3,772	3,658	3,462

TABLE 40.—*Poultry, dressed: Receipts, gross weight,[1] at New York City, 1926-36*

Month	1926	1927	1928	1929	1930	1931
	1,000 pounds	*1,000 pounds*	*1,000 pounds*	*1,000 pounds*	*1,000 pounds*	*1,000 pounds*
January	13,078	12,954	14,999	14,221	15,054	17,969
February	10,646	8,957	11,064	10,900	11,674	13,396
March	9,921	8,722	9,322	9,964	8,476	9,920
April	8,248	7,770	9,703	9,520	10,630	10,073
May	10,594	11,633	10,628	10,233	13,877	10,553
June	14,041	13,635	11,127	11,876	14,999	13,657
July	13,555	12,168	13,252	13,078	11,807	15,242
August	14,609	14,589	13,850	15,707	12,533	18,294
September	15,068	15,470	14,332	16,558	15,383	21,147
October	18,129	17,682	21,799	20,602	19,647	18,749
November	31,924	31,740	31,846	31,495	32,584	33,029
December	33,082	32,797	32,454	32,903	34,221	36,882
Total	192,895	188,117	194,376	197,057	200,885	218,911

Month	1932	1933	1934	1935	1936
	1,000 pounds	*1,000 pounds*	*1,000 pounds*	*1,000 pounds*	*1,000 pounds*
January	12,534	15,747	18,169	12,279	11,968
February	9,910	11,835	10,957	9,769	9,260
March	10,292	10,963	9,705	8,568	9,747
April	8,852	12,115	8,209	9,145	9,749
May	11,454	15,014	12,633	9,934	12,885
June	13,728	15,640	15,976	12,663	14,847
July	12,708	14,144	15,069	12,171	15,261
August	14,288	16,329	14,477	11,239	17,926
September	15,362	17,417	16,118	14,227	
October	19,651	21,220	19,717	16,559	
November	34,609	39,622	32,953	31,613	
December	32,057	33,048	30,084	27,664	
Total	195,445	223,094	204,067	175,881	

[1] Gross weight includes container and wrapping.

TABLE 41.—*Poultry, dressed: Receipts, gross weight,[1] at New York City, by States of origin, 1932–35*

State	1932	1933	1934	1935
	1,000 pounds	1,000 pounds	1,000 pounds	1,000 pounds
Arkansas	703	898	698	759
California	1,707	416	2,235	5,487
Colorado	1,741	1,004	1,628	1,497
Delaware	3	8	10	14
District of Columbia	35	5	3	53
Florida		30	23	110
Georgia		62	62	106
Idaho	1,442	738	934	700
Illinois	20,970	22,460	14,194	16,310
Indiana	8,368	7,305	6,480	7,713
Iowa	26,995	38,090	40,370	30,363
Kansas	19,746	21,936	21,424	12,338
Kentucky	2,237	2,484	2,074	2,522
Louisiana		43	43	
Maine	52		23	29
Maryland	179	199	104	101
Massachusetts	114	136	97	773
Michigan	1,649	370	509	381
Minnesota	24,450	26,806	27,632	21,363
Mississippi	178	253	150	140
Missouri	10,399	16,385	13,101	10,145
Montana	545	739	653	355
Nebraska	10,031	14,189	13,533	8,144
Nevada			21	23
New Hampshire	2	1		
New Jersey	256	217	82	420
New Mexico	56		22	
New York	19,582	20,110	17,910	19,211
North Carolina	5	6	9	9
North Dakota	4,194	5,786	4,971	3,436
Ohio	2,184	3,406	2,958	3,079
Oklahoma	8,972	9,765	9,517	7,573
Oregon	1,005	241	812	1,593
Pennsylvania	946	855	302	1,248
South Carolina	32	59	45	41
South Dakota	5,667	8,057	5,142	3,274
Tennessee	3,625	2,718	2,334	3,055
Texas	14,059	14,018	10,108	7,925
Utah	575	583	861	2,476
Virginia	660	730	418	1,594
Washington	493	338	732	57
West Virginia	14	16	6	3
Wisconsin	833	901	1,156	948
Wyoming	489	679	646	431
Other States	183	28	35	82
Canada	69	24		
Total	195,445	223,094	204,067	175,881

[1] Gross weight includes container and wrapping.

TABLE 42.—*Poultry, dressed: Receipts, gross weight,[1] at Chicago, 1926–36*

Month	1926	1927	1928	1929	1930	1931
	1,000 pounds	*1,000 pounds*	*1,000 pounds*	*1,000 pounds*	*1,000 pounds*	*1,000 pounds*
January	6,360	6,495	6,639	7,712	9,835	7,770
February	3,159	3,546	3,591	3,469	5,597	4,529
March	2,383	2,195	2,216	2,707	2,899	3,563
April	1,792	1,835	1,876	2,725	2,339	2,320
May	1,805	2,872	2,137	2,811	2,163	2,309
June	2,105	2,257	1,977	3,270	2,645	2,501
July	2,154	1,227	2,771	3,520	2,303	3,130
August	2,607	2,257	2,829	3,984	2,777	3,673
September	2,897	2,531	3,580	4,710	3,809	4,642
October	6,397	3,752	5,719	9,070	6,274	4,397
November	22,863	15,739	15,301	25,578	19,409	14,203
December	23,110	19,029	18,544	23,812	20,103	18,438
Total	77,632	63,735	67,180	93,368	80,153	71,475

Month	1932	1933	1934	1935	1936
	1,000 pounds	*1,000 pounds*	*1,000 pounds*	*1,000 pounds*	*1,000 pounds*
January	4,855	4,713	3,900	2,506	2,122
February	3,317	2,442	1,785	1,526	1,218
March	2,396	1,241	1,453	859	956
April	1,505	859	787	767	1,027
May	1,428	1,294	863	1,113	1,313
June	1,326	1,558	1,235	1,578	1,724
July	853	1,668	1,436	1,573	2,191
August	1,616	1,355	1,621	1,380	2,962
September	3,333	1,474	2,882	2,084	
October	5,232	2,982	4,296	5,283	
November	19,736	19,731	13,827	14,523	
December	19,752	16,113	10,619	10,368	
Total	65,349	55,430	44,704	43,560	

[1] Gross weight includes container and wrapping.

TABLE 43.—*Poultry, dressed: Receipts, gross weight,[1] at Chicago, by States of origin, 1932–35*

State	1932	1933	1934	1935
	1,000 pounds	*1,000 pounds*	*1,000 pounds*	*1,000 pounds*
Alabama	5	6	5	6
Arkansas	38	18	106	4
California	18	2	3	4
Colorado	631	333	384	139
Florida	4	2	2	2
Georgia		7	20	7
Idaho	34	10	2	34
Illinois	2,734	3,671	3,383	3,955
Indiana	235	291	280	361
Iowa	11,689	9,702	8,985	12,570
Kansas	2,847	1,813	1,782	1,692
Kentucky	153	195	182	41
Michigan	84	66	110	107
Minnesota	9,512	7,017	5,134	4,404
Mississippi	20	9	7	9
Missouri	4,293	2,732	3,355	2,842
Montana	1,339	1,377	891	378
Nebraska	2,789	1,970	2,201	2,183
New Jersey	74		27	158
New Mexico	250	47	29	23
New York	70	77	69	102
North Dakota	10,850	12,064	7,164	3,280
Ohio	31	31	69	92
Oklahoma	1,616	1,675	845	859
Oregon	336	24	9	24
Pennsylvania	3	1	17	27
South Dakota	8,312	6,024	4,046	3,710
Tennessee	155	66	544	103
Texas	4,967	4,478	3,267	3,643
Utah	25			56
Washington	115		18	81
Wisconsin	1,789	1,486	1,560	2,552
Wyoming	313	235	166	110
Other States	18	1	42	2
Total	65,349	55,430	44,704	43,560

[1] Gross weight includes container and wrapping.

TABLE 44.—*Poultry, dressed: Receipts, gross weight,[1] at Philadelphia, 1926–36*

Month	1926	1927	1928	1929	1930	1931
	1,000 pounds	*1,000 pounds*	*1,000 pounds*	*1,000 pounds*	*1,000 pounds*	*1,000 pounds*
January	2,906	2,885	2,373	2,548	3,041	2,384
February	1,791	2,006	1,601	1,851	2,501	2,179
March	2,203	2,005	1,885	1,680	2,207	2,863
April	1,717	1,769	1,359	1,471	1,991	1,754
May	1,374	1,695	1,558	1,557	2,388	1,560
June	1,758	1,668	2,177	1,663	2,117	2,509
July	1,853	1,398	1,931	2,134	1,794	2,729
August	2,039	1,918	1,763	2,319	1,772	2,875
September	2,352	2,530	2,097	2,302	2,166	2,555
October	2,123	2,613	2,965	2,542	3,046	2,524
November	4,916	4,432	4,925	6,002	5,607	6,018
December	7,094	6,903	7,210	8,595	7,906	8,243
Total	32,126	31,822	31,844	34,664	36,536	38,193

Month	1932	1933	1934	1935	1936
	1,000 pounds	*1,000 pounds*	*1,000 pounds*	*1,000 pounds*	*1,000 pounds*
January	1,881	3,141	2,724	2,410	1,850
February	2,467	2,717	2,131	1,650	1,361
March	1,943	1,894	1,745	1,207	1,353
April	1,960	2,027	1,377	1,404	1,395
May	2,555	2,569	2,381	1,389	1,184
June	1,934	2,344	1,859	1,565	2,065
July	1,912	2,115	2,371	1,576	1,595
August	2,191	1,900	2,137	1,308	1,801
September	2,096	1,743	1,998	1,798	
October	2,614	2,306	2,405	1,858	
November	6,259	6,591	5,599	4,342	
December	8,635	7,719	6,245	5,633	
Total	36,447	37,066	32,972	26,140	

[1] Gross weight includes container and wrapping.

TABLE 45.—*Poultry, dressed: Receipts, gross weight,[1] at Philadelphia, by States of origin, 1932-35*

State	1932	1933	1934	1935
	1,000 pounds	*1,000 pounds*	*1,000 pounds*	*1,000 pounds*
Arkansas			50	88
California	68			
Colorado	495	465	184	173
Delaware	1	1		1
Idaho	237	319	283	292
Illinois	3,071	3,850	3,059	2,165
Indiana	879	622	844	768
Iowa	6,544	6,641	5,820	4,368
Kansas	2,242	2,207	2,255	2,140
Kentucky	791	794	701	1,108
Maryland	40	42	14	15
Michigan	47	28	28	
Minnesota	6,995	5,137	5,094	5,102
Mississippi		230	51	42
Missouri	2,401	2,207	2,551	1,231
Montana	8	43	154	25
Nebraska	2,321	2,369	2,449	1,228
New Mexico		42	22	
New York	46	171	332	477
North Carolina	13	43	12	24
North Dakota	1,273	1,260	953	664
Ohio	83	326	209	118
Oklahoma	2,092	1,549	1,164	747
Oregon	24	26	81	84
Pennsylvania	63	6	5	59
South Carolina		1	3	17
South Dakota	679	788	459	253
Tennessee	322	1,556	956	1,291
Texas	4,955	5,479	4,426	2,924
Utah	66	93	25	103
Virginia	462	380	362	345
Washington	25		31	
West Virginia	116	146	118	79
Wisconsin	64	234	131	132
Wyoming	24	1	74	41
Other States		10	72	36
Total	36,447	37,066	32,972	26,140

[1] Gross weight includes container and wrapping.

TABLE 46.—*Poultry, dressed: Receipts, gross weight,*[1] *at Boston, 1926–36*

Month	1926	1927	1928	1929	1930	1931
	1,000 pounds	*1,000 pounds*	*1,000 pounds*	*1,000 pounds*	*1,000 pounds*	*1,000 pounds*
January	3,778	4,318	4,591	4,586	4,270	4,840
February	2,981	3,610	3,756	3,231	3,992	4,565
March	2,837	2,440	4,137	2,315	2,815	3,846
April	2,052	2,398	2,877	2,855	2,544	2,976
May	2,598	3,653	3,285	2,718	3,193	2,559
June	3,196	3,455	3,290	3,369	3,514	3,216
July	3,161	2,996	3,899	3,153	3,401	3,476
August	3,677	3,612	3,468	3,628	2,952	3,635
September	3,960	3,404	3,555	4,309	3,154	3,787
October	4,089	4,663	4,680	5,048	3,875	4,434
November	8,891	8,511	7,716	8,826	8,270	9,698
December	11,942	10,245	10,329	10,395	9,309	10,750
Total	53,162	53,305	55,583	54,433	51,289	57,782

Month	1932	1933	1934	1935	1936
	1,000 pounds	*1,000 pounds*	*1,000 pounds*	*1,000 pounds*	*1,000 pounds*
January	4,141	5,543	4,545	3,722	3,680
February	3,927	3,803	3,054	2,158	1,903
March	4,094	3,387	2,617	1,988	2,102
April	2,730	3,369	2,393	2,221	2,312
May	2,967	3,832	3,360	1,999	2,547
June	3,255	4,128	3,385	2,472	3,071
July	2,839	3,800	3,202	2,919	3,282
August	3,487	4,004	3,330	2,549	3,318
September	3,619	3,939	3,244	3,182	
October	4,265	5,081	4,248	4,075	
November	10,633	12,374	9,812	9,443	
December	12,256	11,468	9,482	9,841	
Total	58,213	64,728	52,672	46,569	

[1] Gross weight includes container and wrapping.

TABLE 47.—*Poultry, dressed: Receipts, gross weight,[1] at Boston, by States of origin, 1932–35*

State	1932	1933	1934	1935
	1,000 pounds	1,000 pounds	1,000 pounds	1,000 pounds
Arkansas	115	514	152	250
California	2		2	147
Colorado	581	485	386	462
Idaho	163	86	24	179
Illinois	8,909	8,699	8,625	7,519
Indiana	3,270	4,301	2,948	2,841
Iowa	9,109	10,145	8,785	8,549
Kansas	3,495	4,346	3,485	2,652
Kentucky	312	614	196	449
Maine	313	207	101	137
Maryland			15	2
Massachusetts	5	2	29	5
Michigan	466	503	410	449
Minnesota	5,835	10,351	9,331	7,060
Mississippi	311	20	44	77
Missouri	3,126	2,646	2,095	2,672
Montana	54	26	114	212
Nebraska	3,233	2,789	2,751	1,724
New Hampshire	18	12	6	13
New Jersey	190	30	20	16
New York	429	621	349	619
North Dakota	5,575	4,526	3,446	2,165
Ohio	258	228	272	113
Oklahoma	1,474	2,013	1,636	1,330
Oregon	110	77		48
Pennsylvania	126	152	86	
South Dakota	2,723	4,065	2,572	2,240
Tennessee	590	774	853	152
Texas	6,937	6,120	3,629	3,537
Utah	54	85	23	360
Vermont	25	54	60	103
Wisconsin	32	71	96	128
Wyoming	101	156	181	318
Other States	74	10		41
Canada	198			
Total	58,213	64,728	52,672	46,569

[1] Gross weight includes container and wrapping.

TABLE 48.—*Poultry, dressed: Receipts, gross weight,[1] at San Francisco, 1926–36*

Month	1926	1927	1928	1929	1930	1931
	1,000 pounds	*1,000 pounds*	*1,000 pounds*	*1,000 pounds*	*1,000 pounds*	*1,000 pounds*
January	644	1,052	745	1,901	1,186	1,506
February	685	830	845	1,222	1,036	1,339
March	295	415	575	450	558	408
April	157	184	191	274	343	321
May	147	304	254	274	322	271
June	212	464	278	255	592	281
July	251	493	384	664	552	295
August	231	317	452	513	492	177
September	301	456	295	598	387	278
October	368	393	450	464	286	273
November	1,397	948	1,024	1,761	1,490	1,783
December	1,690	1,376	1,428	1,620	1,776	1,836
Total	6,378	7,232	6,921	9,996	9,020	8,770

Month	1932	1933	1934	1935	1936
	1,000 pounds	*1,000 pounds*	*1,000 pounds*	*1,000 pounds*	*1,000 pounds*
January	1,786	1,010	2,193	2,725	1,813
February	909	1,179	1,409	1,399	1,913
March	445	395	916	922	941
April	453	248	581	641	639
May	358	414	367	712	1,050
June	216	416	301	336	1,033
July	165	394	339	406	353
August	169	378	297	238	393
September	329	288	484	492	
October	377	510	716	558	
November	2,712	2,182	2,178	2,564	
December	2,167	2,292	2,793	2,815	
Total	10,086	9,705	12,574	13,808	

[1] Gross weight includes container and wrapping.

TABLE 49.—*Poultry, dressed: Receipts, gross weight,[1] at San Francisco, by States of origin, 1932–35*

State	1932	1933	1934	1935
	1,000 pounds	*1,000 pounds*	*1,000 pounds*	*1,000 pounds*
Arkansas		59		
California	5,513	4,665	6,739	7,468
Colorado		11	133	31
Idaho	497	850	739	681
Illinois		24	32	171
Indiana				18
Iowa	49	97	250	290
Kansas	107	212	122	46
Minnesota	24	50	101	102
Missouri	72	206	175	263
Montana	70	220	51	2
Nebraska	595	826	1,420	754
Nevada	322	329	216	182
New York		7	2	
North Dakota	30	26	25	
Oklahoma		65	96	12
Oregon	1,913	1,707	2,057	3,182
South Dakota				49
Texas		30		
Utah	142	7	174	308
Washington	746	314	252	249
Wisconsin	6			
Total	10,686	9,705	12,574	13,808

[1] Gross weight includes container and wrapping.

TABLE 50.—*Poultry, dressed: Receipts, gross weight,[1] at 4 markets (New York, Chicago, Philadelphia, and Boston), by months, 1926-36*

Year	January	February	March	April	May	June	July	August	September	October	November	December	Total
	1,000 pounds	1,000 pounds	1,000 pounds	1,000 pounds	1,000 pounds	1,000 pounds	1,000 pounds	1,000 pounds	1,000 pounds	1,000 pounds	1,000 pounds	1,000 pounds	1,000 pounds
1926	26,122	18,576	17,343	13,809	16,372	21,099	20,723	22,933	24,278	30,738	68,594	75,228	355,815
1927	26,653	18,118	15,361	13,772	19,853	21,015	17,789	22,375	23,936	28,710	60,422	68,974	336,978
1928	28,602	20,013	17,559	15,816	17,606	18,571	21,854	21,909	23,564	35,163	59,787	68,537	348,983
1929	29,067	19,450	16,666	16,572	17,319	20,179	21,884	25,638	27,879	37,261	71,901	75,705	379,521
1930	32,199	23,764	16,396	17,504	21,620	23,275	19,306	20,034	24,513	32,842	65,871	71,538	368,862
1931	32,963	24,669	20,192	17,123	16,981	21,863	24,577	28,477	32,131	30,104	62,948	74,313	386,361
1932	23,411	19,621	18,724	15,047	18,404	20,243	18,312	21,582	24,410	31,762	71,238	72,700	355,454
1933	29,143	20,797	17,485	18,370	22,709	23,671	21,727	23,588	24,573	31,589	78,319	68,348	380,319
1934	29,338	17,927	17,519	12,766	19,237	22,465	22,078	21,564	24,241	30,667	62,192	56,431	334,415
1935	20,916	15,102	12,620	13,537	14,436	18,279	18,239	16,527	21,291	27,775	59,922	53,506	292,150
1936	19,620	13,741	14,158	14,483	17,949	21,706	22,329	26,007	27,030				

[1] Gross weight includes container and wrapping.

TABLE 51.—*Eggs: Receipts at New York City, 1926-36*

[Cases of 30 dozen]

Month	1926	1927	1928	1929	1930	1931
	1,000 cases	*1,000 cases*	*1,000 cases*	*1,000 cases*	*1,000 cases*	*1,000 cases*
January	393	458	412	394	461	478
February	471	542	613	371	511	530
March	813	863	931	821	938	940
April	860	1,004	1,051	1,061	1,155	1,116
May	868	1,038	1,089	999	1,076	1,052
June	871	716	767	837	785	868
July	579	521	591	668	645	568
August	502	441	494	526	451	516
September	433	386	407	444	496	484
October	344	355	392	380	373	396
November	284	319	269	293	322	304
December	400	315	272	335	382	347
Total	6,818	7,048	7,288	7,129	7,595	7,601

Month	1932	1933	1934	1935	1936
	1,000 cases	*1,000 cases*	*1,000 cases*	*1,000 cases*	*1,000 cases*
January	475	503	413	419	485
February	554	491	606	458	397
March	663	769	777	634	879
April	827	934	752	717	818
May	873	1,021	815	822	877
June	689	710	662	652	807
July	534	588	527	529	604
August	533	403	420	381	491
September	438	369	374	392	
October	417	352	373	364	
November	345	270	337	370	
December	354	296	382	438	
Total	6,702	6,886	6,438	6,176	

TABLE 52.—*Eggs: Receipts at New York City by States of origin, 1932–35*

[Cases of 30 dozen]

State	1932	1933	1934	1935
	1,000 cases	*1,000 cases*	*1,000 cases*	*1,000 cases*
California	501	341	226	173
Connecticut	10	18	20	25
Delaware	35	49	46	53
Idaho	156	77	91	59
Illinois	631	540	574	498
Indiana	329	319	244	336
Iowa	1,070	1,151	1,083	945
Kansas	278	300	206	158
Kentucky	40	38	14	17
Maryland	41	54	65	89
Michigan	62	55	62	68
Minnesota	469	535	589	416
Missouri	286	373	237	207
Nebraska	216	178	178	113
New Jersey	201	214	177	198
New York	354	619	772	812
North Dakota	11	33	25	11
Ohio	294	304	210	277
Oklahoma	14	16	12	6
Oregon	126	85	68	92
Pennsylvania	179	231	246	313
South Dakota	130	115	87	31
Tennessee	33	50	5	80
Texas	35	89	57	51
Utah	378	285	310	275
Virginia	58	76	59	86
Washington	683	629	652	595
Wisconsin	34	66	92	159
Other States	21	28	24	25
Parcel post	27	17	10	5
Total	6,702	6,885	6,436	[1] 6,173

[1] 2,459 cases of eggs from Canada in 1935 not included.

TABLE 53.—*Eggs: Receipts at Chicago, 1926-36*

[Cases of 30 dozen]

Month	1926	1927	1928	1929	1930	1931
	1,000 cases	*1,000 cases*	*1,000 cases*	*1,000 cases*	*1,000 cases*	*1,000 cases*
January	236	243	200	206	202	231
February	319	326	366	222	308	368
March	507	628	592	554	641	634
April	763	1,002	813	924	927	866
May	836	935	849	799	747	709
June	626	594	562	554	516	559
July	449	363	356	342	381	290
August	283	255	284	301	231	238
September	197	231	241	210	211	191
October	132	127	150	135	131	96
November	103	101	75	62	69	61
December	124	96	113	89	111	71
Total	4,575	4,901	4,601	4,398	4,475	4,314

Month	1932	1933	1934	1935	1936
	1,000 cases	*1,000 cases*	*1,000 cases*	*1,000 cases*	*1,000 cases*
January	178	189	125	92	164
February	224	229	267	158	187
March	378	491	648	480	499
April	657	881	889	768	812
May	663	1,049	736	762	827
June	437	525	445	544	574
July	258	260	217	352	373
August	219	206	146	222	253
September	161	133	100	159	--------
October	104	76	54	120	--------
November	60	37	29	51	--------
December	73	60	43	86	--------
Total	3,412	4,136	3,699	3,794	--------

TABLE 54.—*Eggs: Receipts at Chicago by States of origin, 1932–35*

[Cases of 30 dozen]

State	1932	1933	1934	1935
	1,000 cases	*1,000 cases*	*1,000 cases*	*1,000 cases*
Arkansas	10	12	11	7
California	24	7	11	7
Illinois	219	368	296	566
Indiana	19	41	40	149
Iowa	708	881	936	927
Kansas	319	375	226	123
Michigan	58	68	52	51
Minnesota	402	375	472	419
Missouri	678	932	676	497
Nebraska	159	213	185	207
North Dakota	25	39	21	8
Oklahoma	97	48	39	18
Oregon	15	2	17	8
South Dakota	279	310	202	104
Texas	17	5	----------	1
Washington	70	68	41	12
Wisconsin	254	340	458	648
Other States	7	32	8	39
Parcel post	52	19	6	3
Total	3,412	4,135	3,697	3,794

Table 55.—*Eggs: Receipts at Philadelphia, 1926-36*

[Cases of 30 dozen]

Month	1926	1927	1928	1929	1930	1931
	1,000 cases	*1,000 cases*	*1,000 cases*	*1,000 cases*	*1,000 cases*	*1,000 cases*
January	113	96	96	118	100	132
February	109	100	133	76	112	149
March	158	183	176	169	204	189
April	183	244	210	234	244	205
May	213	211	246	220	201	184
June	194	159	175	181	178	186
July	125	119	168	156	145	141
August	106	114	117	143	94	132
September	143	117	140	131	114	124
October	83	80	103	94	91	92
November	66	67	75	74	86	97
December	73	59	96	101	130	99
Total	1,566	1,549	1,735	1,697	1,759	1,730

Month	1932	1933	1934	1935	1936
	1,000 cases	*1,000 cases*	*1,000 cases*	*1,000 cases*	*1,000 cases*
January	114	120	111	95	95
February	105	119	113	88	74
March	136	161	162	149	142
April	193	183	171	126	132
May	171	181	149	141	145
June	153	137	142	115	132
July	114	113	109	118	102
August	110	105	104	99	92
September	125	120	74	105	
October	101	97	91	92	
November	90	88	91	90	
December	84	107	91	117	
Total	1,496	1,531	1,408	1,335	

TABLE 56.—*Eggs: Receipts at Philadelphia, by States of origin, 1932–35*

[Cases of 30 dozen]

State	1932	1933	1934	1935
	1,000 cases	*1,000 cases*	*1,000 cases*	*1,000 cases*
California	72	41	44	10
Delaware	10	15	15	10
Illinois	118	120	113	169
Indiana	25	31	28	27
Iowa	139	182	165	99
Kansas	121	105	59	31
Kentucky	15	13	16	11
Maryland	19	34	25	88
Michigan	27	36	30	16
Minnesota	223	222	185	186
Missouri	255	210	134	73
Nebraska	37	46	30	14
New York	31	29	32	28
North Dakota	5	6	6	3
Ohio	23	40	60	99
Oregon	24	16	17	14
Pennsylvania	119	160	208	219
South Dakota	17	12	7	7
Tennessee	20	15	8	46
Texas	10	20	21	9
Virginia	39	50	55	88
Washington	56	47	54	55
Wisconsin	45	31	30	18
Other States	21	31	56	60
Parcel post	25	18	8	3
Total	1,496	1,530	1,406	1,333

TABLE 57.—*Eggs: Receipts at Boston, 1926-36*

[Cases of 30 dozen]

Month	1926	1927	1928	1929	1930	1931
	1,000 cases	*1,000 cases*	*1,000 cases*	*1,000 cases*	*1,000 cases*	*1,000 cases*
January	109	120	102	133	96	126
February	119	153	145	99	112	153
March	189	245	229	190	209	198
April	205	307	211	290	227	207
May	272	270	258	234	208	219
June	246	234	200	177	175	188
July	155	155	158	176	138	125
August	135	128	112	125	102	108
September	113	109	96	110	82	95
October	91	92	96	77	66	77
November	77	65	78	54	68	62
December	97	82	72	53	90	78
Total	1,808	1,960	1,757	1,718	1,573	1,636

Month	1932	1933	1934	1935	1936
	1,000 cases	*1,000 cases*	*1,000 cases*	*1,000 cases*	*1,000 cases*
January	98	92	88	78	76
February	139	98	118	88	76
March	180	145	164	153	175
April	164	207	170	169	160
May	201	175	156	146	154
June	155	141	142	119	133
July	117	132	98	102	95
August	109	91	101	86	86
September	79	58	68	63	--------
October	71	68	71	64	--------
November	64	58	66	71	--------
December	62	66	51	80	--------
Total	1,439	1,331	1,293	1,219	--------

TABLE 58.—*Eggs: Receipts at Boston, by States of origin, 1932-35*

[Cases of 30 dozen]

State	1932	1933	1934	1935
	1,000 cases	*1,000 cases*	*1,000 cases*	*1,000 cases*
California	20	12	20	3
Illinois	138	88	116	137
Indiana	87	100	66	62
Iowa	282	283	304	268
Kansas	204	172	135	127
Maine	35	43	39	42
Massachusetts	6	11	11	15
Michigan	36	35	38	34
Minnesota	157	136	159	124
Missouri	82	80	101	118
Nebraska	107	96	84	47
New Hampshire	23	35	29	41
New York	15	7	4	9
North Dakota	28	18	5	4
Ohio	70	54	36	56
South Dakota	59	51	49	22
Texas	15	19	7	10
Vermont	15	19	15	18
Washington	18	24	40	32
Wisconsin	--	12	17	26
Other States	38	32	16	21
Parcel post	4	3	2	1
Total	1,439	1,330	1,293	1,217

TABLE 59.—*Eggs: Receipts at San Francisco, by States of origin, 1932-35*

[Cases of 30 dozen]

State	1932	1933	1934	1935
	1,000 cases	*1,000 cases*	*1,000 cases*	*1,000 cases*
California	700	709	742	791
Idaho	2	7	9	2
Iowa	--	--	2	--
Kansas	--	--	1	--
Montana	--	2	--	1
Nebraska	--	2	6	--
Oregon	12	17	10	41
Utah	2	8	8	4
Washington	7	2	4	6
Other States	2	1	1	--
Total	725	748	783	845

TABLE 60.—*Eggs: Receipts at San Francisco, 1926–36*

[Cases of 30 dozen]

Month	1926	1927	1928	1929	1930	1931
	1,000 cases	*1,000 cases*	*1,000 cases*	*1,000 cases*	*1,000 cases*	*1,000 cases*
January	55	54	52	67	59	58
February	52	57	63	63	67	66
March	74	78	106	82	71	85
April	75	83	75	86	79	83
May	72	69	61	80	73	72
June	77	65	59	65	74	61
July	78	68	61	67	69	56
August	56	66	69	55	65	59
September	47	54	54	49	50	49
October	49	50	52	49	55	59
November	51	50	49	49	47	54
December	58	56	55	54	56	50
Total	744	750	756	766	765	758

Month	1932	1933	1934	1935	1936
	1,000 cases	*1,000 cases*	*1,000 cases*	*1,000 cases*	*1,000 cases*
January	72	57	72	66	69
February	68	52	61	66	77
March	77	73	75	73	103
April	75	76	70	87	100
May	63	76	71	93	85
June	62	63	61	74	81
July	57	59	58	69	74
August	64	57	57	69	59
September	51	53	49	62	
October	46	58	67	64	
November	45	61	65	66	
December	45	62	75	63	
Total	725	747	781	846	

TABLE 61.—*Eggs: Receipts of shell eggs at 4 markets (New York, Chicago, Philadelphia, and Boston), by months, 1926–36*

[Cases of 30 dozen]

Year	January	February	March	April	May	June	July	August	September	October	November	December	Total
	1,000 cases	*1,000 cases*	*1,000 cases*	*1,000 cases*	*1,000 cases*	*1,000 cases*	*1,000 cases*	*1,000 cases*	*1,000 cases*	*1,000 cases*	*1,000 cases*	*1,000 cases*	*1,000 cases*
1926	852	1,018	1,667	2,012	2,189	1,939	1,309	1,025	885	650	530	693	14,768
1927	916	1,122	1,919	2,646	2,454	1,702	1,157	939	843	654	553	552	15,457
1928	810	1,257	1,928	2,285	2,441	1,704	1,274	1,007	885	742	496	552	15,381
1929	851	769	1,734	2,510	2,251	1,748	1,342	1,095	895	686	483	578	14,942
1930	858	1,043	1,992	2,553	2,293	1,655	1,308	879	902	662	546	712	15,403
1931	968	1,199	1,961	2,394	2,163	1,801	1,124	994	894	663	525	596	15,282
1932	884	1,022	1,358	1,842	1,907	1,434	1,024	971	802	692	560	573	13,049
1933	994	936	1,566	2,205	2,426	1,513	1,093	894	680	593	452	528	13,880
1934	736	1,103	1,749	1,981	1,856	1,391	951	771	616	588	522	567	12,831
1935	684	792	1,415	1,779	1,871	1,429	1,101	788	719	640	581	721	12,520
1936	820	734	1,695	1,922	2,003	1,646	1,173	921					

TABLE 62.—*Broilers: Cold-storage holdings[1] in the United States, 1926–36*

Month	1926	1927	1928	1929	1930	1931
	1,000 pounds	*1,000 pounds*	*1,000 pounds*	*1,000 pounds*	*1,000 pounds*	*1,000 pounds*
January	15,521	21,578	15,570	17,334	23,792	14,586
February	13,702	20,455	14,285	15,371	21,847	13,057
March	11,685	18,186	11,818	12,911	19,482	11,532
April	8,945	15,009	9,088	9,838	15,631	8,873
May	6,074	10,978	6,122	7,194	11,329	6,258
June	4,496	8,172	4,559	5,032	8,783	4,623
July	4,320	6,513	4,518	4,536	8,089	4,772
August	5,627	6,245	6,657	7,286	8,274	6,345
September	9,544	7,714	9,038	13,179	9,190	9,345
October	13,789	10,896	12,015	18,234	11,895	13,673
November	17,555	12,610	15,605	22,367	13,505	15,126
December	20,550	14,670	16,973	24,106	14,819	15,355

Month	1932	1933	1934	1935	1936
	1,000 pounds	*1,000 pounds*	*1,000 pounds*	*1,000 pounds*	*1,000 pounds*
January	15,432	11,269	15,118	20,560	11,558
February	14,481	10,031	13,343	18,186	8,819
March	12,640	8,445	10,494	15,651	6,679
April	10,282	6,892	7,302	12,542	5,184
May	7,436	4,868	4,473	8,734	3,566
June	5,141	3,785	2,794	5,862	2,915
July	3,711	4,221	3,306	5,206	3,663
August	3,680	5,520	5,783	5,103	8,230
September	5,417	9,137	9,588	4,984	16,413
October	7,864	11,801	14,447	6,900	22,595
November	9,530	13,211	18,515	9,223	--------
December	10,874	15,448	20,203	11,178	--------

[1] Net weight; does not include weight of container.

TABLE 63.—*Fryers: Cold-storage holdings*[1] *in the United States, 1926–36*

Month	1926	1927	1928	1929	1930	1931
	1,000 pounds	*1,000 pounds*	*1,000 pounds*	*1,000 pounds*	*1,000 pounds*	*1,000 pounds*
January	7,238	9,717	8,723	10,095	11,507	9,971
February	6,826	9,417	9,045	9,171	11,669	9,333
March	6,115	8,359	7,883	7,946	11,082	8,103
April	4,745	6,957	6,210	6,016	9,918	6,219
May	3,608	5,093	4,068	4,360	6,171	4,228
June	2,450	3,986	2,737	2,854	4,607	2,948
July	1,829	2,460	1,931	2,259	3,327	2,129
August	1,395	1,828	1,595	1,505	2,492	1,747
September	1,386	1,616	1,372	1,529	1,951	2,036
October	2,200	1,938	2,135	2,763	2,771	3,764
November	4,245	3,282	4,469	5,874	4,861	5,566
December	7,262	6,304	6,549	9,093	7,631	7,796

Month	1932	1933	1934	1935	1936
	1,000 pounds	*1,000 pounds*	*1,000 pounds*	*1,000 pounds*	*1,000 pounds*
January	9,213	14,122	13,097	15,539	13,339
February	8,543	12,893	11,862	14,079	12,288
March	7,667	11,037	9,918	11,742	10,299
April	6,131	8,939	7,007	9,539	8,587
May	4,768	6,185	3,804	6,446	5,796
June	3,284	4,088	2,270	3,928	8,307
July	1,983	2,636	1,754	2,530	1,902
August	1,211	1,602	1,696	1,677	1,947
September	1,428	1,957	1,849	1,267	3,819
October	3,908	3,097	3,969	2,811	7,633
November	8,025	5,338	8,581	6,838	
December	11,787	9,962	12,590	11,394	

[1] Net weight; does not include weight of container.

TABLE 64.—*Roasters: Cold-storage holdings*[1] *in the United States, 1926-36*

Month	1926	1927	1928	1929	1930	1931
	1,000 pounds	*1,000 pounds*	*1,000 pounds*	*1,000 pounds*	*1,000 pounds*	*1,000 pounds*
January	38,543	42,673	33,709	33,837	38,677	31,275
February	37,645	43,651	35,600	32,993	41,344	30,564
March	33,336	37,831	31,101	28,908	37,424	27,927
April	25,593	29,362	25,168	23,042	28,924	20,463
May	18,593	20,932	16,644	17,742	20,761	12,442
June	14,370	15,360	11,205	13,119	15,133	8,652
July	10,163	10,722	7,257	9,933	10,290	5,393
August	6,867	7,184	5,060	6,301	6,857	3,363
September	5,287	4,782	3,732	5,142	4,784	3,145
October	6,347	4,906	4,639	6,929	5,420	6,345
November	14,647	9,079	12,025	16,506	11,340	12,134
December	29,091	21,152	20,902	27,159	20,761	24,138

Month	1932	1933	1934	1935	1936
	1,000 pounds	*1,000 pounds*	*1,000 pounds*	*1,000 pounds*	*1,000 pounds*
January	35,220	37,753	38,156	32,439	31,244
February	33,005	35,722	37,519	30,009	29,686
March	28,084	29,834	32,377	26,180	23,913
April	21,354	22,080	24,900	20,622	19,346
May	15,985	13,532	17,704	14,942	12,694
June	11,042	9,620	12,701	9,281	8,724
July	6,618	7,962	9,598	6,217	5,562
August	4,174	6,199	7,134	3,420	3,898
September	3,292	4,881	5,639	2,097	3,733
October	5,556	5,682	7,272	4,412	6,254
November	14,328	10,845	13,409	11,435	
December	27,691	23,555	23,947	23,451	

[1] Net weight; does not include weight of container.

TABLE 65.—*Fowl: Cold-storage holdings [1] in the United States, 1926–36*

Month	1926	1927	1928	1929	1930	1931
	1,000 pounds	*1,000 pounds*	*1,000 pounds*	*1,000 pounds*	*1,000 pounds*	*1,000 pounds*
January	16,104	20,332	19,791	13,752	18,226	18,542
February	16,586	20,137	19,101	10,965	17,649	18,402
March	14,062	17,560	17,266	8,417	17,510	19,576
April	9,402	13,360	14,377	5,637	13,337	14,752
May	5,538	8,589	8,734	3,722	9,816	8,599
June	4,758	7,088	7,248	3,049	8,175	6,626
July	4,993	7,032	6,695	6,384	8,629	6,198
August	6,239	5,976	7,750	5,728	7,101	7,117
September	6,691	5,159	6,110	6,620	5,648	6,909
October	6,106	5,085	4,588	8,311	5,644	6,987
November	7,487	6,290	5,516	11,962	7,474	7,439
December	13,697	12,354	9,112	14,981	12,127	8,738

Month	1932	1933	1934	1935	1936
	1,000 pounds	*1,000 pounds*	*1,000 pounds*	*1,000 pounds*	*1,000 pounds*
January	13,256	33,132	18,426	24,889	16,554
February	11,041	11,490	16,113	19,859	15,456
March	8,400	9,501	11,973	15,852	11,867
April	6,434	6,868	7,308	10,059	8,071
May	5,138	5,069	3,351	6,473	5,053
June	4,978	4,957	4,144	5,111	4,839
July	4,693	9,323	7,355	6,399	6,079
August	3,964	12,178	11,061	5,611	8,050
September	3,490	12,526	11,082	4,347	12,698
October	3,932	10,839	11,605	4,960	16,299
November	7,124	11,702	13,937	7,350	--------
December	10,210	15,143	19,313	12,525	--------

[1] Net weight; does not include weight of container.

TABLE 66.—*Turkeys: Cold-storage holdings [1] in the United States, 1926-36*

Month	1926	1927	1928	1929	1930	1931
	1,000 pounds	*1,000 pounds*	*1,000 pounds*	*1,000 pounds*	*1,000 pounds*	*1,000 pounds*
January	6,759	10,820	9,352	10,466	9,823	4,566
February	7,216	12,188	10,966	13,058	11,946	7,018
March	7,141	12,128	11,913	14,467	14,388	8,557
April	6,129	11,020	11,402	11,547	13,000	6,351
May	5,192	9,719	9,517	10,308	10,400	4,816
June	4,764	8,584	8,371	8,452	8,742	3,895
July	3,884	7,571	7,208	7,196	7,469	3,091
August	3,237	6,452	6,513	6,420	5,883	2,777
September	3,073	5,815	6,049	5,873	4,496	3,356
October	2,674	5,166	6,208	5,173	3,603	3,365
November	1,773	4,170	4,768	3,719	2,751	2,302
December	5,912	5,242	6,264	6,320	4,632	5,123

Month	1932	1933	1934	1935	1936
	1,000 pounds	*1,000 pounds*	*1,000 pounds*	*1,000 pounds*	*1,000 pounds*
January	10,320	14,586	15,732	18,652	16,819
February	14,273	16,728	19,941	23,516	20,541
March	13,853	15,744	19,177	22,973	19,100
April	11,423	12,765	14,499	19,846	17,749
May	9,596	9,179	11,154	16,143	13,909
June	8,271	7,817	9,493	14,258	12,381
July	7,285	7,260	8,385	13,851	12,660
August	5,985	5,709	6,648	11,655	9,971
September	4,286	4,062	4,767	9,006	7,989
October	2,591	2,769	3,041	6,549	5,593
November	1,033	1,620	1,763	3,629	--------
December	11,997	6,500	9,572	9,114	--------

[1] Net weight; does not include weight of container.

TABLE 67.—*Poultry, miscellaneous:*[1] *Cold-storage holdings*[2] *in the United States, 1926–36*

Month	1926	1927	1928	1929	1930	1931
	1,000 pounds	*1,000 pounds*	*1,000 pounds*	*1,000 pounds*	*1,000 pounds*	*1,000 pounds*
January	27,336	39,287	30,345	24,200	38,698	25,973
February	26,587	39,228	29,157	20,822	37,097	22,933
March	23,058	35,446	23,513	16,469	33,286	19,493
April	18,310	28,989	16,924	12,648	24,898	13,328
May	13,778	21,971	11,747	9,575	18,943	9,577
June	11,970	18,335	9,752	9,137	15,727	8,604
July	11,541	15,766	10,621	11,693	16,449	11,179
August	12,428	14,608	12,820	13,656	16,360	15,089
September	12,653	14,625	14,448	16,667	16,520	18,265
October	13,655	15,210	13,993	20,566	17,605	22,081
November	19,135	16,884	15,710	26,445	19,338	23,100
December	30,342	25,308	19,373	34,217	22,955	28,821

Month	1932	1933	1934	1935	1936
	1,000 pounds	*1,000 pounds*	*1,000 pounds*	*1,000 pounds*	*1,000 pounds*
January	33,259	20,780	22,974	19,922	17,875
February	30,211	17,969	21,399	16,636	17,043
March	25,778	14,114	17,837	14,378	13,934
April	19,036	9,741	13,181	11,105	10,557
May	13,753	6,991	8,726	9,077	8,306
June	12,113	7,864	8,379	9,834	9,760
July	12,371	11,303	10,211	12,848	13,184
August	12,457	13,762	12,582	13,796	17,124
September	12,392	15,226	13,128	13,210	20,836
October	12,832	15,989	14,928	14,088	23,722
November	14,949	16,812	17,196	14,681	
December	18,559	20,603	19,940	18,436	

[1] Class not specified.
[2] Net weight; does not include weight of container.

TABLE 68.—*Poultry, frozen: Cold-storage holdings [1] in the United States, 1926–36*

Month	1926	1927	1928	1929	1930	1931
	1,000 pounds	*1,000 pounds*	*1,000 pounds*	*1,000 pounds*	*1,000 pounds*	*1,000 pounds*
January	111,501	144,497	117,490	109,684	140,723	104,913
February	108,512	145,076	118,154	102,380	141,552	101,307
March	95,397	129,510	103,494	89,088	133,172	95,188
April	73,124	104,697	83,169	68,728	105,708	69,986
May	52,783	77,282	56,832	52,901	77,420	45,920
June	42,808	61,525	43,872	41,643	61,167	35,348
July	36,730	50,064	38,230	42,001	54,253	32,762
August	35,793	42,293	40,395	40,896	46,967	36,438
September	38,634	39,711	40,749	49,010	42,589	43,056
October	44,771	43,201	43,578	61,976	46,938	56,215
November	64,842	52,315	58,093	86,873	59,269	65,668
December	106,854	85,030	79,173	115,876	82,925	89,971

Month	1932	1933	1934	1935	1936
	1,000 pounds	*1,000 pounds*	*1,000 pounds*	*1,000 pounds*	*1,000 pounds*
January	116,700	111,642	123,503	132,001	107,389
February	111,554	104,833	120,177	122,285	103,833
March	96,422	88,675	101,776	106,776	85,792
April	74,660	67,285	74,197	83,713	69,494
May	56,676	45,824	49,212	61,815	49,324
June	44,829	38,131	39,790	48,274	41,926
July	36,661	42,705	40,609	47,051	43,050
August	31,471	44,970	44,904	41,262	49,220
September	30,305	47,789	46,053	34,911	65,488
October	36,683	50,177	55,262	39,720	82,096
November	54,989	59,528	73,401	53,156	
December	91,118	91,211	105,565	86,098	

[1] Net weight; does not include weight of container.

TABLE 69.—*Dressed poultry: Weekly cold-storage holdings in the 35 markets,[1] 1934 and 1935*

Date	Dressed poultry	Date	Dressed poultry	Date	Dressed poultry
1934	*1,000 pounds*	**1934**	*1,000 pounds*	**1935**	*1,000 pounds*
Jan. 6	96,690	Sept. 15	35,272	May 11	43,701
Jan. 13	96,111	Sept. 22	36,431	May 18	41,248
Jan. 20	95,397	Sept. 29	39,226	May 25	38,368
Jan. 27	94,181	Oct. 6	42,108	June 1	36,818
Feb. 3	93,333	Oct. 13	45,646	June 8	35,602
Feb. 10	91,858	Oct. 20	48,755	June 15	34,763
Feb. 17	88,448	Oct. 27	51,362	June 22	34,868
Feb. 24	84,648	Nov. 3	53,942	June 29	34,784
Mar. 3	79,830	Nov. 10	56,986	July 6	34,364
Mar. 10	75,701	Nov. 17	61,438	July 13	33,761
Mar. 17	71,073	Nov. 24	68,288	July 20	32,695
Mar. 24	65,420	Dec. 1	77,183	July 27	32,062
Mar. 31	59,668	Dec. 8	89,969	Aug. 3	30,753
Apr. 7	55,074	Dec. 15	93,537	Aug. 10	29,542
Apr. 14	49,770	Dec. 22	93,523	Aug. 17	27,998
Apr. 21	44,597	Dec. 29	98,658	Aug. 24	26,834
Apr. 28	39,838			Aug. 31	25,185
May 5	37,094	**1935**		Sept. 7	24,855
May 12	35,313	Jan. 5	102,746	Sept. 14	24,910
May 19	33,970	Jan. 12	102,486	Sept. 21	26,327
May 26	31,788	Jan. 19	99,769	Sept. 28	27,661
June 2	30,333	Jan. 26	97,173	Oct. 5	28,800
June 9	30,135	Feb. 2	94,512	Oct. 12	29,934
June 16	30,311	Feb. 9	92,234	Oct. 19	31,427
June 23	30,655	Feb. 16	89,524	Oct. 26	34,916
June 30	30,913	Feb. 23	87,440	Nov. 2	40,187
July 7	30,914	Mar. 2	83,152	Nov. 9	44,234
July 14	30,729	Mar. 9	78,561	Nov. 16	49,132
July 21	31,571	Mar. 16	73,956	Nov. 23	53,514
July 28	33,117	Mar. 23	69,362	Nov. 30	61,548
Aug. 4	34,234	Mar. 30	65,580	Dec. 7	72,249
Aug. 11	33,808	Apr. 6	60,927	Dec. 14	77,494
Aug. 18	33,993	Apr. 13	55,870	Dec. 21	78,119
Aug. 25	34,161	Apr. 20	51,106	Dec. 28	80,078
Sept. 1	34,213	Apr. 27	48,465		
Sept. 8	34,264	May 4	46,061		

[1] Holdings as of morning of given dates at New York, Chicago, Philadelphia, Boston, Buffalo, Providence, Syracuse, N. Y., Cuba, N. Y., Lowville, N. Y., Pittsburgh, Detroit, Cleveland, Milwaukee, Plymouth, Marshfield, Wis., Green Bay, Wis., Minneapolis, St. Paul, Kansas City, Omaha, St. Louis, Denver, Seattle, Portland, Los Angeles, San Francisco, Springfield, Mass., Cincinnati, Duluth, Fort Worth, Dallas, Petaluma, Santa Rosa, Oakland, and San Diego.

TABLE 70.—*Eggs in the shell: Cold-storage holdings in the United States, 1926–36*

[Reported in cases of 30 dozen]

Month	1926	1927	1928	1929	1930	1931
	1,000 cases	*1,000 cases*	*1,000 cases*	*1,000 cases*	*1,000 cases*	*1,000 cases*
January	1,683	1,096	882	1,415	704	1,894
February	578	253	26	248	139	735
March	77	92	66	11	84	408
April	872	1,868	1,087	559	2,231	1,893
May	3,735	5,501	4,515	3,952	5,766	5,162
June	7,236	8,962	8,168	6,705	9,178	7,887
July	9,133	10,565	10,002	8,510	10,748	9,507
August	9,845	10,746	10,496	8,962	11,198	9,504
September	9,573	9,650	9,944	8,547	10,375	9,016
October	8,048	7,960	8,542	7,195	9,174	7,960
November	5,888	5,485	6,247	4,930	6,785	5,745
December	3,215	2,956	3,542	2,631	4,154	3,447

Month	1932	1933	1934	1935	1936
	1,000 cases	*1,000 cases*	*1,000 cases*	*1,000 cases*	*1,000 cases*
January	1,475	159	731	648	964
February	663	75	50	39	159
March	258	163	90	34	13
April	700	1,833	1,208	1,508	807
May	2,982	4,857	4,640	3,901	3,039
June	5,380	8,062	7,819	6,366	5,707
July	6,339	9,364	8,965	7,595	7,058
August	6,431	9,507	8,961	7,947	7,335
September	5,360	8,944	7,938	7,373	7,006
October	4,895	7,466	6,803	6,353	5,817
November	3,225	5,175	4,633	4,644	--------
December	1,199	2,641	2,380	2,738	--------

TABLE 71.—*Eggs, frozen: Cold-storage holdings [1] in the United States, 1926–36*

Month	1926	1927	1928	1929	1930	1931
	1,000 pounds	*1,000 pounds*	*1,000 pounds*	*1,000 pounds*	*1,000 pounds*	*1,000 pounds*
January	33,905	33,593	47,020	56,181	53,644	83,184
February	29,256	31,207	38,575	48,055	44,080	75,685
March	24,167	26,053	31,362	38,250	35,192	73,889
April	21,849	33,272	34,411	34,918	49,751	78,051
May	25,739	52,053	51,532	51,825	76,664	91,517
June	34,815	71,605	67,941	71,560	106,904	106,607
July	45,688	81,263	77,744	84,766	115,134	113,513
August	51,810	81,418	81,670	91,488	116,272	114,700
September	52,634	77,508	89,196	86,693	113,138	110,271
October	51,062	71,208	82,255	81,541	106,631	103,302
November	44,966	62,066	73,327	70,331	98,359	94,816
December	38,620	54,703	64,201	61,772	89,571	86,407

Month	1932	1933	1934	1935	1936
	1,000 pounds	*1,000 pounds*	*1,000 pounds*	*1,000 pounds*	*1,000 pounds*
January	79,198	55,339	61,419	64,879	69,546
February	72,439	46,448	49,910	52,726	59,722
March	68,024	40,450	39,181	39,413	46,367
April	69,031	45,090	38,679	39,516	45,848
May	81,920	62,944	62,632	59,313	69,172
June	94,978	85,323	93,947	84,680	94,014
July	100,485	103,019	116,058	107,937	111,725
August	99,112	107,660	121,564	116,274	115,485
September	92,967	102,449	111,994	112,585	108,614
October	84,187	93,182	99,951	98,653	96,660
November	74,314	82,302	88,715	88,018	--------
December	64,150	72,348	76,073	79,035	--------

[1] Net weight; does not include weight of the container.

TABLE 72.—*Eggs: Total cold-storage holdings of shell and frozen [1] eggs on the first of each month in the United States, 1925–36*

Year	January	February	March	April	May	June	July	August	September	October	November	December
	1,000 cases	1,000 cases	1,000 cases	1,000 cases	1,000 cases	1,000 cases	1,000 cases	1,000 cases	1,000 cases	1,000 cases	1,000 cases	1,000 cases
1925	1,659	546	346	1,564	5,431	8,556	10,579	11,248	11,219	9,878	7,617	4,910
1926	2,652	1,414	767	1,496	4,470	8,231	10,438	11,325	11,077	9,507	7,173	4,319
1927	2,056	1,145	836	2,819	6,988	11,008	12,887	13,072	11,865	9,995	7,258	4,519
1928	2,225	1,128	962	2,070	5,987	10,109	12,223	12,829	12,492	10,892	8,342	5,376
1929	3,020	1,621	1,104	1,557	5,433	8,760	10,932	11,576	11,024	9,525	6,939	4,396
1930	2,237	1,398	1,089	3,652	7,956	12,232	14,033	14,520	13,608	12,221	9,695	6,713
1931	4,271	2,897	2,519	4,123	7,777	10,933	12,750	12,781	12,167	10,911	8,454	5,916
1932	3,738	2,733	2,202	2,672	5,323	8,094	9,210	9,263	8,616	7,300	5,348	3,032
1933	1,740	1,402	1,319	3,121	6,655	10,500	12,307	12,583	11,871	10,128	7,527	4,708
1934	2,486	1,476	1,209	2,313	6,429	10,503	12,281	12,434	11,138	9,659	7,168	4,554
1935	2,502	1,545	1,160	2,637	5,596	8,785	10,679	11,269	10,590	9,172	7,159	4,996
1936	2,951	1,865	1,338	2,117	6,015	8,393	10,250	10,635	10,109			

[1] Case equivalent.

TABLE 73.—*Eggs: Weekly cold-storage holdings in the 35 markets,[1] 1934 and 1935*

Date	Eggs	Date	Eggs	Date	Eggs
1934	*Cases*	1934	*Cases*	1935	*Cases*
Jan. 6	455,363	Sept. 15	5,487,270	May 11	3,229,288
Jan. 13	269,886	Sept. 22	5,265,535	May 18	3,686,830
Jan. 20	146,493	Sept. 29	5,055,682	May 25	4,064,833
Jan. 27	76,328	Oct. 6	4,794,878	June 1	4,460,902
Feb. 3	27,734	Oct. 13	4,508,767	June 8	4,760,796
Feb. 10	14,894	Oct. 20	4,138,492	June 15	5,042,601
Feb. 17	16,819	Oct. 27	3,750,014	June 22	5,253,307
Feb. 24	39,494	Nov. 3	3,299,938	June 29	5,386,794
Mar. 3	80,317	Nov. 10	2,899,995	July 6	5,477,638
Mar. 10	195,934	Nov. 17	2,483,409	July 13	5,568,455
Mar. 17	335,257	Nov. 24	2,134,130	July 20	5,669,563
Mar. 24	531,829	Dec. 1	1,816,211	July 27	5,705,838
Mar. 31	822,865	Dec. 8	1,490,248	Aug. 3	5,697,007
Apr. 7	1,318,784	Dec. 15	1,187,858	Aug. 10	5,620,806
Apr. 14	1,904,803	Dec. 22	911,619	Aug. 17	5,530,695
Apr. 21	2,539,351	Dec. 29	641,095	Aug. 24	5,425,604
Apr. 28	3,188,995			Aug. 31	5,277,659
May 5	3,799,820	1935		Sept. 7	5,112,649
May 12	4,364,425	Jan. 5	394,620	Sept. 14	4,874,237
May 19	4,865,175	Jan. 12	231,283	Sept. 21	4,716,253
May 26	5,363,254	Jan. 19	94,598	Sept. 28	4,555,080
June 2	5,745,459	Jan. 26	32,113	Oct. 5	4,371,467
June 9	6,078,676	Feb. 2	11,583	Oct. 12	4,130,291
June 16	6,294,140	Feb. 9	5,605	Oct. 19	3,897,964
June 23	6,446,139	Feb. 16	4,635	Oct. 26	3,601,902
June 30	6,590,317	Feb. 23	9,746	Nov. 2	3,280,868
July 7	6,683,711	Mar. 2	32,438	Nov. 9	2,957,120
July 14	6,712,439	Mar. 9	124,626	Nov. 16	2,632,602
July 21	6,699,593	Mar. 16	321,218	Nov. 23	2,298,449
July 28	6,658,690	Mar. 23	595,723	Nov. 30	2,017,675
Aug. 4	6,562,038	Mar. 30	930,891	Dec. 7	1,693,989
Aug. 11	6,418,406	Apr. 6	1,334,866	Dec. 14	1,423,714
Aug. 18	6,248,081	Apr. 13	1,688,755	Dec. 21	1,154,947
Aug. 25	6,059,560	Apr. 20	2,041,934	Dec. 28	901,352
Sept. 1	5,879,168	Apr. 27	2,417,408		
Sept. 8	5,685,706	May 4	2,828,081		

[1] Holdings as of morning of given dates at New York, Chicago, Philadelphia, Boston, Buffalo, Providence, Syracuse, N. Y., Cuba, N. Y., Lowville, N. Y., Pittsburgh, Detroit, Cleveland, Milwaukee, Plymouth, Marshfield, Wis., Green Bay, Wis., Minneapolis, St. Paul, Kansas City, Omaha, St. Louis, Denver, Seattle, Portland, Los Angeles, San Francisco, Springfield, Mass., Cincinnati, Duluth, Fort Worth, Dallas, Petaluma, Santa Rosa, Oakland, and San Diego.

TABLE 74.—*Chickens, live: Estimated average price per pound received by producers in the United States, 1926-36*

Month	1926	1927	1928	1929	1930	1931
	Cents	Cents	Cents	Cents	Cents	Cents
January	20.9	20.1	19.6	21.6	19.8	15.7
February	21.5	21.1	20.1	22.1	20.4	15.1
March	21.9	21.3	20.1	22.7	20.6	16.1
April	23.1	21.8	20.8	23.8	21.1	16.7
May	23.7	21.7	21.5	24.4	20.0	15.9
June	23.9	20.2	21.5	24.6	19.0	16.1
July	23.6	19.9	21.9	23.7	17.4	15.8
August	22.1	19.7	21.6	22.7	17.8	16.2
September	21.4	19.4	22.3	22.4	17.8	15.7
October	20.8	19.7	22.0	21.5	17.4	14.4
November	20.0	19.4	21.5	20.3	16.1	14.4
December	19.8	19.2	21.2	19.1	15.3	13.9

Month	1932	1933	1934	1935	1936
	Cents	Cents	Cents	Cents	Cents
January	13.3	9.3	9.4	12.3	16.5
February	12.6	9.4	10.2	13.4	16.9
March	12.6	9.1	10.7	14.2	16.6
April	12.6	9.8	11.1	15.5	16.9
May	12.2	10.4	11.2	15.7	16.6
June	11.4	10.0	11.2	15.6	16.4
July	11.7	10.4	11.7	14.0	16.1
August	11.7	9.8	11.4	14.1	
September	11.6	9.5	12.7	15.4	
October	10.7	9.3	11.8	15.7	
November	10.1	8.8	11.7	15.9	
December	9.2	8.6	11.7	16.0	

TABLE 75.—*Turkeys: Estimated average price per pound received by producers in the United States, 1909–10 to 1936–37*

Year	October	November	December	January
	Cents	Cents	Cents	Cents
1909–10	13.3	14.0	15.6	14.7
1910–11	13.4	15.5	14.7	14.7
1911–12	13.4	13.5	13.2	13.3
1912–13	13.6	14.4	14.8	14.9
1913–14	14.6	15.2	15.5	15.5
1914–15	14.1	14.1	14.5	14.5
1915–16	13.7	14.8	15.5	15.6
1916–17	17.0	18.6	19.6	19.5
1917–18	20.0	21.0	23.0	22.9
1918–19	23.9	25.7	27.0	27.3
1919–20	26.6	28.3	31.1	32.0
1920–21	30.0	31.8	33.1	33.0
1921–22	25.7	28.2	32.5	30.7
1922–23	25.1	29.5	32.3	29.7
1923–24	26.6	27.9	24.5	23.1
1924–25	23.3	24.2	25.8	26.2
1925–26	24.0	28.3	31.1	31.7
1926–27	26.6	29.8	32.8	31.6
1927–28	26.4	30.8	32.3	29.8
1928–29	27.2	31.2	30.5	28.2
1929–30	27.2	27.1	23.5	23.7
1930–31	21.0	20.1	19.9	21.6
1931–32	17.9	18.3	19.4	18.0
1932–33	13.2	12.9	10.9	10.2
1933–34	11.3	11.8	11.1	11.6
1934–35	12.7	14.6	16.0	16.0
1935–36	15.9	19.9	21.3	19.9
1936–37	15.9			

TABLE 76.—*Fowl, colored, live: Average wholesale price per pound at New York City, 1926–36* [1]

Month	1926	1927	1928	1929	1930	1931
	Cents	Cents	Cents	Cents	Cents	Cents
January	31.8	33.1	29.0	33.4	31.6	24.2
February	31.1	30.0	27.5	31.7	28.6	22.4
March	33.6	29.8	28.3	33.5	30.1	23.4
April	33.7	31.0	29.9	34.8	29.1	24.8
May	33.2	26.8	27.8	35.1	25.4	22.8
June	29.9	24.6	27.5	29.8	23.6	21.6
July	26.4	25.1	26.4	32.3	24.1	21.1
August	25.9	25.3	29.9	29.5	22.0	22.5
September	29.8	26.8	32.3	30.1	25.4	23.6
October	27.3	23.3	30.6	28.2	22.3	21.9
November	26.0	23.9	27.2	26.9	22.2	19.4
December	28.4	24.0	29.5	28.7	21.2	18.8
Average	29.8	27.0	28.8	31.2	25.5	22.2

Month	1932	1933	1934	1935	1936
	Cents	Cents	Cents	Cents	Cents
January	21.7	15.9	15.1	20.3	24.2
February	20.1	14.8	16.6	19.7	25.0
March	9.2	15.8	17.4	21.5	24.5
April	19.1	14.4	17.1	22.8	23.4
May	16.9	15.2	16.0	22.3	21.8
June	16.7	14.0	15.6	20.3	21.9
July	16.2	14.2	14.3	18.3	19.8
August	16.4	13.2	16.2	20.1	20.1
September	16.8	14.2	18.6	21.5	20.7
October	15.1	13.8	16.2	21.9	
November	15.6	13.3	16.1	21.7	
December	15.7	14.0	15.8	23.0	
Average	17.5	14.4	16.2	21.1	

[1] Received by freight.

Compiled from American Creamery and Poultry Produce Review, except the averages, which are calculated from the monthly data.

TABLE 77.—*Ducks, live: Average wholesale price per pound at New York City, 1926-36*[1]

Month	1926	1927	1928	1929	1930	1931
	Cents	Cents	Cents	Cents	Cents	Cents
January	32.6	30.7	28.0	29.4	23.0	23.4
February	31.5	29.8	28.0	27.7	24.7	22.5
March	27.5	27.4	26.8	28.0	21.2	20.5
April	22.8	23.2	18.2	24.1	19.1	15.0
May	23.0	20.0	18.0	20.3	17.1	14.0
June	23.0	17.8	18.0	20.0	16.0	14.0
July	23.0	17.8	17.5	20.1	14.4	12.8
August	23.2	18.9	20.6	22.5	17.9	14.5
September	25.0	23.2	25.4	23.0	20.1	17.3
October	22.1	22.2	25.9	24.2	18.4	13.9
November	25.7	22.8	24.7	20.7	17.3	16.7
December	29.0	24.8	27.6	22.1	20.4	19.4
Average	25.7	22.2	23.2	23.5	19.1	17.0

Month	1932	1933	1934	1935	1936
	Cents	Cents	Cents	Cents	Cents
January	19.0	12.2	13.1	16.6	16.2
February	18.5	11.5	12.9	17.0	15.7
March	14.6	11.8	12.0	16.0	14.7
April	10.6	11.1	10.9	14.2	12.5
May	9.0	9.0	10.0	12.4	11.0
June	9.0	9.0	10.0	11.0	11.0
July	9.0	9.0	10.0	11.0	
August	9.9	9.2	10.3	11.5	
September	12.8	11.9	14.4	13.1	
October	13.9	10.7	11.1	13.7	
November	11.5	10.3	12.2	14.2	
December	11.8	11.9	14.6	16.5	
Average	12.5	10.6	11.8	13.9	

[1] Received by freight.

Compiled from American Creamery and Poultry Produce Review, except the averages, which are calculated from the monthly data.

TABLE 78.—*Geese, live: Average wholesale price per pound at New York City, 1926–36* [1]

Month	1926	1927	1928	1929	1930	1931
	Cents	Cents	Cents	Cents	Cents	Cents
January	23.1	24.3	24.5	23.4	23.1	17.5
February	22.1	17.0	22.3	19.7	18.6	16.8
March	16.6	17.0	16.0	20.0	16.0	12.2
April	14.9	16.5	10.8	16.5	16.0	10.5
May	15.0	13.4	10.7	15.0	12.2	10.0
June	15.0	12.0	12.0	15.0	11.7	10.0
July	15.0	12.0	12.8	15.0	10.0	10.0
August	15.3	13.9	15.0	16.2	12.7	10.0
September	18.8	17.7	20.0	20.1	15.7	12.5
October	21.5	21.1	22.6	21.3	16.7	13.5
November	20.6	21.6	24.2	21.2	16.7	14.9
December	24.1	23.1	24.5	22.1	18.3	16.5
Average	18.5	17.4	18.0	18.8	15.6	12.9

Month	1932	1933	1934	1935	1936
	Cents	Cents	Cents	Cents	Cents
January	14.4	11.4	13.1	16.1	15.2
February	11.8	10.5	13.6	13.9	12.2
March	11.0	10.8	10.1	11.7	12.0
April	9.3	9.6	8.1	8.8	10.5
May	8.0	8.0	7.0	8.5	9.0
June	8.0	8.0	7.0	8.5	9.0
July	8.0	8.0	7.0	8.5	
August	8.4	8.0	7.0	9.0	
September	12.8	8.0	10.2	11.7	
October	11.9	9.1	10.0	13.5	
November	12.0	11.0	13.1	15.0	
December	11.9	12.0	15.2	16.1	
Average	10.6	9.5	10.1	11.8	

[1] Received by freight.

Compiled from American Creamery and Poultry Produce Review, except the averages, which are calculated from the monthly data.

TABLE 79.—*Turkeys, live: Average wholesale price per pound at New York City, 1926-36* [1]

Month	1926	1927	1928	1929	1930	1931
	Cents	Cents	Cents	Cents	Cents	Cents
January	38.8	35.7	32.4	29.4	24.6	29.5
February	40.0	33.7	30.9	35.4	27.8	29.8
March	31.8	30.1	31.9	28.9	26.7	29.4
April	30.0	31.9	32.9	32.6	28.5	26.0
May	25.9	20.6	23.5	23.8	19.0	20.4
June	25.0	26.5	24.4	25.0	17.5	18.8
July	25.0	25.0	22.5	25.0	18.7	16.0
August	25.0	25.0	22.5	26.2	20.6	16.9
September	29.4	28.4	24.2	39.0	25.8	25.9
October	35.3	31.4	37.0	38.4	25.1	23.1
November	41.2	37.4	38.8	29.0	25.1	25.8
December	35.2	37.6	34.3	29.5	27.4	25.0
Average	31.9	30.3	29.6	30.0	24.1	23.9

Month	1932	1933	1934	1935	1936
	Cents	Cents	Cents	Cents	Cents
January	22.4	15.0	18.4	22.9	24.0
February	22.0	15.8	18.8	21.7	23.8
March	21.9	18.5	20.9	22.5	25.2
April	23.3	17.6	18.6	23.3	22.4
May	16.8	13.0	12.9	17.6	18.4
June	12.5	12.5	13.8	15.3	17.6
July	14.3	12.5	13.0	14.4	16.6
August	13.8	12.5	13.3	16.7	17.6
September	17.9	14.8	17.7	21.9	22.7
October	21.9	16.1	17.0	22.4	
November	17.9	15.6	17.7	23.4	
December	15.8	17.1	20.6	24.5	
Average	18.4	15.1	16.9	20.6	

[1] Received by freight.

Compiled from American Creamery and Poultry Produce Review, except the averages, which are calculated from the monthly data.

TABLE 80.—*Broilers, fresh dressed: Average monthly price per pound at New York City, 1926–36*

Year	January	February	March	April	May	June	July	August	September	October	November	December	Weighted annual price
	Cents	Cents	Cents	Cents	Cents	Cents	Cents	Cents	Cents	Cents	Cents	Cents	Cents
1926	33.28	31.50	47.80	49.81	45.38	44.06	37.71	36.38	35.32	35.34	33.67	31.35	37.74
1927	29.50	47.50	55.89	44.19	34.90	31.12	28.11	29.50	30.58	31.70	30.83	28.68	30.59
1928	28.74	50.96	45.00	46.32	43.04	36.87	35.82	36.39	37.00	36.83	36.50	36.10	37.07
1929	38.00	49.80	50.80	51.30	45.95	43.60	38.05	36.25	36.75	36.50	34.65	34.00	38.61
1930	32.80	43.75	45.40	44.30	36.25	31.55	27.80	30.55	32.10	31.25	29.70	29.50	31.20
1931	29.30	29.10			37.35	32.80	30.05	31.80	30.65	27.80	27.50	21.00	30.80
1932	22.20	22.50			22.20	21.90	20.90	20.75	22.95	22.05	21.35	18.80	21.60
1933	17.00	19.20			23.25	20.00	18.90	18.00	18.35	18.30	16.70	16.70	18.87
1934	17.40				24.50	25.62	21.04	21.13	22.80	22.10	21.00	20.55	22.35
1935				31.25	28.67	22.46	19.25	21.42	25.82	28.98	27.50	26.00	23.22
1936						28.38	26.23	24.98	21.64				

Statistical Review of the New York Market, Urner-Barry Co.

TABLE 81.—*Fryers, fresh dressed: Average monthly price per pound at New York City, 1926–36*

Year	January	February	March	April	May	June	July	August	September	October	November	December	Weighted annual price
	Cents	Cents	Cents	Cents	Cents	Cents	Cents	Cents	Cents	Cents	Cents	Cents	Cents
1926	20.22	29.00	--------	--------	44.18	42.06	37.79	34.02	29.74	28.42	27.52	27.48	30.68
1927	25.94	25.41	--------	--------	--------	30.50	28.14	29.05	26.12	26.38	26.35	25.58	26.83
1928	25.74	28.50	--------	--------	37.36	35.37	34.62	35.31	32.75	31.00	31.25	30.34	32.35
1929	34.20	34.00	--------	--------	--------	44.20	41.00	36.20	32.50	30.50	28.20	28.00	32.60
1930	28.80	41.30	44.10	--------	--------	32.14	33.20	31.80	27.60	24.80	25.20	24.00	27.59
1931	26.30	26.10	--------	--------	--------	34.03	33.70	33.50	23.90	21.70	22.00	19.00	25.26
1932	20.20	21.00	--------	--------	--------	25.00	21.10	19.10	17.40	15.70	15.30	13.80	17.23
1933	14.90	16.00	--------	--------	--------	21.10	19.80	17.60	16.10	14.60	14.40	14.20	16.01
1934	14.90	15.00	--------	--------	--------	27.73	24.68	23.81	20.30	19.00	18.28	18.00	20.49
1935	18.62	19.00	--------	--------	--------	25.07	23.62	24.44	22.31				
1936	23.50	--------	--------	--------	27.50	28.27	26.86	21.65	20.56	23.13	23.50	23.50	23.33

Statistical Review of New York Market, Urner-Barry Co.

TABLE 82.—*Roasters, fresh dressed: Average monthly price per pound at New York City, 1926–36*

Year	January	February	March	April	May	June	July	August	September	October	November	December	Weighted annual price
	Cents	Cents	Cents	Cents	Cents	Cents	Cents	Cents	Cents	Cents	Cents	Cents	Cents
1926	33.68	32.80	27.85	29.29				36.20	34.20	33.82	30.08	28.33	31.30
1927	29.24	28.22	23.44	22.62			29.38	29.87	31.06	30.98	28.81	29.31	29.38
1928	29.64	23.39	23.06				39.36	39.24	39.60	35.42	33.88	33.52	33.45
1929	37.80	28.43	27.98				44.00	42.80	42.00	34.03	31.83	32.03	33.96
1930	31.63	25.98	23.02				36.00	35.80	36.80	28.25	27.80	27.00	28.99
1931	29.30	28.70	19.38				37.70	39.00	30.95	26.35	25.00	22.00	26.04
1932	22.60	22.50	22.00				25.40	25.75	22.20	17.95	17.25	15.80	18.78
1933	15.90	16.50	12.16				22.00	24.00	22.50	17.40	16.60	17.00	17.48
1934	17.90	18.00	18.00				26.43	26.00	25.90	21.26	21.80	22.36	21.74
1935	23.95	24.33						28.34	26.28	25.25	25.79	26.79	25.96
1936	27.00						30.30	29.67	27.22				

Statistical Review of New York Market, Urner-Barry Co.

TABLE 83.—*Fowl, fresh dressed: Average monthly price per pound at New York City, 1926–36*

Year	January	February	March	April	May	June	July	August	September	October	November	December	Weighted annual price
	Cents	Cents	Cents	Cents	Cents	Cents	Cents	Cents	Cents	Cents	Cents	Cents	Cents
1926	28.16	28.50	30.48	33.24	33.46	31.69	28.65	27.54	27.56	27.28	27.25	28.94	29.03
1927	26.96	27.05	27.20	28.33	26.88	23.87	22.76	24.09	24.74	25.58	24.75	24.35	25.42
1928	25.18	25.59	25.78	27.14	26.62	26.35	25.46	26.96	28.35	28.54	28.42	26.68	26.78
1929	31.90	33.20	34.94	36.72	37.64	32.20	32.82	32.04	32.40	30.12	28.94	30.20	32.43
1930	20.72	30.60	29.64	30.16	28.40	25.10	24.72	25.04	25.80	25.02	24.24	23.60	25.82
1931	25.38	23.02	22.44	25.26	23.20	24.00	23.20	24.14	24.00	22.50	22.80	20.40	23.29
1932	21.10	20.60	20.80	19.90	18.90	17.40	17.04	17.08	18.56	16.46	16.86	15.14	18.05
1933	16.00	15.40	15.10	16.20	16.12	14.56	14.60	14.00	14.86	13.98	13.40	13.80	14.72
1934	14.98	15.18	16.58	18.00	17.50	16.13	15.48	16.71	18.20	17.04	17.20	17.01	16.86
1935	19.08	20.40	21.18	23.02	23.84	21.49	19.69	21.04	23.41	22.53	22.43	23.71	21.92
1936	24.38	24.14	24.08	24.21	23.56	22.38	21.73	21.16	21.28				

Statistical Review of the New York Market, Urner-Barry Co.

TABLE 84.—*Cocks, fresh dressed: Average monthly price per pound at New York City, 1926–36*

Year	January	February	March	April	May	June	July	August	September	October	November	December	Weighted annual price
	Cents	Cents	Cents	Cents	Cents	Cents	Cents	Cents	Cents	Cents	Cents	Cents	Cents
1926	21.16	22.73	24.43	25.65	23.02	20.98	20.40	20.19	20.52	21.00	20.75	20.81	21.41
1927	21.36	21.95	20.70	19.00	16.04	15.27	15.40	16.50	16.68	17.78	18.52	19.00	17.61
1928	19.14	21.37	21.44	20.38	17.50	18.48	18.74	20.24	20.50	21.00	21.00	21.00	19.93
1929	26.50	28.00	28.70	29.20	24.00	23.93	24.60	25.30	26.00	25.00	23.60	22.93	25.06
1930	22.53	22.77	22.00	19.80	17.23	17.07	16.83	18.27	17.37	16.83	19.33	17.40	18.38
1931	17.80	18.17	18.00	18.60	16.13	15.00	15.00	16.43	15.90	13.87	13.67	13.06	15.50
1932	13.17	13.00	12.10	12.00	9.40	9.97	11.93	11.53	11.60	11.00	11.00	10.90	11.22
1933	10.00	11.00	11.00	11.00	11.00	10.70	10.00	10.00	10.00	10.00	9.50	9.00	10.16
1934	9.30	10.00	10.00	10.30	10.37	9.50	10.12	10.69	12.60	13.00	13.00	12.80	11.12
1935	14.26	16.48	16.77	17.85	16.71	16.17	15.27	16.13	17.71	18.00	18.00	18.18	16.82
1936	19.06	19.75	21.02	19.25	16.50	16.60	17.36	17.29	16.47				

Statistical Review of the New York Market, Urner-Barry Co.

TABLE 85.—*Poultry, fresh dressed: Weighted average monthly price per pound at New York City, 1926–36*

Year	January	February	March	April	May	June	July	August	September	October	November	December	Weighted annual price
	Cents	Cents	Cents	Cents	Cents	Cents	Cents	Cents	Cents	Cents	Cents	Cents	Cents
1926	29.85	29.27	30.01	32.96	34.32	33.76	30.97	30.80	30.44	29.94	28.36	27.45	30.15
1927	27.52	27.55	26.57	27.99	27.29	25.01	24.03	26.03	27.07	27.66	26.51	26.20	26.58
1928	26.51	25.65	25.34	26.89	28.03	28.18	28.06	31.07	32.80	31.53	30.87	29.47	29.26
1929	33.79	32.54	33.91	36.46	37.97	34.39	34.33	34.37	35.08	31.72	29.95	30.64	33.10
1930	30.85	30.06	28.63	29.78	28.78	26.18	25.91	28.04	29.35	26.23	25.73	24.85	27.34
1931	26.55	24.18	23.68	25.02	24.47	25.61	25.28	28.37	26.34	23.75	23.44	20.74	24.42
1932	21.40	20.86	20.77	19.61	18.84	18.29	17.98	18.78	19.64	17.02	16.79	15.28	18.22
1933	15.85	15.61	14.64	16.01	16.69	15.68	15.76	16.23	17.22	15.37	14.73	14.93	15.61
1934	15.83	15.62	16.82	17.72	17.96	18.09	17.29	19.45	20.87	18.97	19.06	18.99	18.36
1935	20.51	21.05	21.07	22.84	23.49	21.65	19.88	22.30	24.06	23.68	23.96	24.73	22.81
1936	25.08	24.03	24.00	24.59	23.81	23.42	23.23	22.67	22.43				

TABLE 86.—*Turkeys, fresh dressed: Average monthly price per pound at New York City, 1926–36*

Year	January	February	March	April	May	June	July	August	September	October	November	December
	Cents	Cents	Cents	Cents	Cents	Cents	Cents	Cents	Cents	Cents	Cents	Cents
1926	51.12	50.70	48.26	47.37	37.06	35.00	35.00	47.41	45.78	45.46	44.29	46.69
1927	46.68	46.55	42.11	34.54	28.68	27.50	26.50	25.00	55.00	49.96	44.92	38.58
1928	39.80	39.57	36.65	34.60	29.94	29.35	26.10	27.31	43.75	56.06	47.42	35.78
1929	41.65	41.85	38.35	36.20	32.70	31.50	31.50	31.50	57.90	52.50	36.23	32.76
1930	35.70	36.47	35.10	32.00	30.00	28.10	28.00	43.50	50.00	45.30	33.60	36.90
1931	41.90	40.20	36.00	34.40	30.00	30.80	32.00	51.20	47.40	38.40	31.70	29.80
1932	27.30	24.70	25.90	23.80	19.40	18.50	18.00	30.02	29.10	26.00	22.60	17.00
1933	19.40	19.50	19.00	18.50	18.80	18.80	22.20	29.90	28.10	25.80	20.80	21.20
1934	23.50	24.00	24.00	19.31	18.10	19.23	26.38	32.37	32.00	28.10	28.20	27.70
1935	29.40	29.33	24.00	23.00	22.96	23.96	23.00	31.00	31.00	31.00	28.20	27.70
1936	30.41	29.78		25.48	24.07	22.60	23.43	31.78	31.50		31.13	31.39

Statistical Review of the New York Market, Urner-Barry Co.

TABLE 87.—*Hens: Retail price per pound, average for the United States, by months, 1926–36*

Year	January	February	March	April	May	June	July	August	September	October	November	December
	Cents	Cents	Cents	Cents	Cents	Cents	Cents	Cents	Cents	Cents	Cents	Cents
1926	38.6	38.9	39.4	40.5	41.0	40.2	39.2	37.9	37.8	37.6	37.1	37.2
1927	38.5	38.5	38.7	38.9	38.4	36.3	35.6	35.4	35.4	35.7	35.6	35.7
1928	36.8	37.2	37.2	37.7	37.7	37.1	36.7	36.8	37.9	37.9	38.0	37.9
1929	39.2	39.7	40.5	41.8	42.2	41.3	39.9	39.4	39.2	38.4	37.7	37.1
1930	38.0	38.2	38.3	38.2	37.4	35.7	34.4	33.8	34.0	33.8	32.6	32.0
1931	32.7	31.7	32.0	32.6	31.7	31.1	30.8	30.9	30.9	29.9	29.2	28.6
1932	27.9	27.1	27.3	26.6	25.7	24.1	23.6	23.1	23.5	23.1	22.4	21.2
1933	21.4	21.3	21.2	21.4	21.5	21.4	21.0	20.5	20.6	20.5	20.1	19.8
1934	22.2	23.4	24.2	24.7	25.4	24.2	23.6	24.2	25.4	25.0	24.4	24.5
1935	27.2	28.9	29.8	30.8	31.4	31.7	29.6	30.5	31.2	30.9	30.9	31.5
1936	32.2	32.6	32.5	32.9	32.6	32.5	33.7	33.3	32.8			

Bureau of Labor Statistics.

TABLE 88.—*Eggs: Estimated average price per dozen received by producers in the United States, 1926–36*

Month	1926	1927	1928	1929	1930	1931
	Cents	*Cents*	*Cents*	*Cents*	*Cents*	*Cents*
January	36.3	36.9	38.2	33.0	38.4	22.1
February	28.9	29.0	29.1	31.9	31.8	14.1
March	24.1	20.8	23.4	28.0	21.3	17.0
April	24.8	20.3	22.8	23.0	21.5	16.2
May	25.2	19.8	24.2	24.4	20.0	13.3
June	25.7	17.8	23.9	26.1	18.6	14.1
July	25.7	20.7	25.6	27.2	18.8	14.8
August	26.4	23.4	27.4	29.8	20.6	17.3
September	31.5	29.4	31.4	33.9	25.3	19.1
October	36.8	35.6	34.9	38.4	26.5	22.7
November	44.9	41.6	39.6	44.2	31.7	26.4
December	47.6	43.3	42.9	45.8	26.8	25.6

Month	1932	1933	1934	1935	1936
	Cents	*Cents*	*Cents*	*Cents*	*Cents*
January	17.2	21.4	17.6	25.0	22.8
February	12.8	11.0	15.8	25.6	23.8
March	10.4	10.1	14.4	18.6	17.5
April	10.2	10.3	13.5	20.0	16.8
May	10.3	11.8	13.3	21.4	--------
June	10.6	10.1	13.2	21.0	--------
July	12.0	13.1	14.1	21.7	--------
August	14.7	13.3	17.2	22.7	--------
September	17.2	16.3	21.9	26.4	--------
October	22.5	20.8	23.7	27.9	--------
November	26.1	24.0	28.6	30.1	--------
December	28.1	21.6	27.0	28.7	--------

TABLE 89.—*Eggs: Average monthly wholesale price per dozen of fresh gathered standards [1] at New York City, 1926–36*

Year	January	February	March	April	May	June	July	August	September	October	November	December	Weighted annual average [2]
	Cents	Cents	Cents	Cents	Cents	Cents	Cents	Cents	Cents	Cents	Cents	Cents	Cents
1926	40.1	33.1	29.8	31.4	32.0	31.7	31.1	33.3	40.6	45.7	56.8	53.5	35.5
1927	43.5	32.9	27.0	26.2	25.2	24.1	26.1	31.1	37.7	46.5	51.4	48.6	31.6
1928	48.1	34.9	29.8	29.9	31.1	30.5	31.3	33.5	35.8	36.0	41.5	39.5	33.5
1929	40.1	43.4	34.1	28.7	31.9	31.6	33.2	36.5	39.5	43.1	53.4	55.1	36.4
1930	43.8	37.4	26.4	26.5	24.6	24.2	23.8	26.6	27.1	29.1	38.7	30.6	28.4
1931	24.6	18.6	21.7	19.8	18.9	18.0	21.0	21.4	22.3	26.8	32.0	29.7	21.6
1932	19.9	18.1	15.1	15.1	15.8	15.3	16.4	19.5	22.5	26.6	33.4	33.6	18.8
1933	24.2	14.3	14.7	15.0	15.4	14.5	16.9	16.2	19.4	23.3	29.4	24.8	17.4
1934	23.6	20.1	18.8	18.1	17.9	17.8	18.4	22.5	24.4	25.9	32.3	30.1	20.9
1935	31.3	30.9	22.8	25.2	26.2	25.3	25.7	27.7	29.1	29.7	31.9	30.1	27.0
1936	26.4	31.7	22.4	21.4	22.5	23.2	24.6	26.3	26.9	30.6			

[1] Prior to April 1932, this grade was known as "fresh gathered extra firsts."
[2] Weights based on receipts of eggs at New York City, 1923–32.

Statistical Summary of the New York Market, Urner-Barry Co.

TABLE 90.—*Eggs: Average monthly wholesale price per dozen fresh gathered firsts at New York City, 1926–36*

Year	January	February	March	April	May	June	July	August	September	October	November	December	Weighted annual average [1]
	Cents	Cents	Cents	Cents	Cents	Cents	Cents	Cents	Cents	Cents	Cents	Cents	Cents
1926	38.2	31.2	28.5	30.4	30.7	30.1	29.1	31.1	37.3	40.7	50.7	48.6	33.3
1927	41.1	30.7	25.4	24.5	23.5	23.0	24.8	28.4	34.3	39.6	43.7	44.6	29.1
1928	46.6	33.8	28.7	28.4	29.6	29.5	30.2	31.5	32.9	33.1	36.6	36.3	31.8
1929	35.9	41.9	33.2	27.6	30.9	30.7	32.3	34.4	36.5	39.6	48.5	51.3	34.6
1930	42.7	36.5	25.7	25.7	23.6	23.1	21.4	24.5	25.1	25.2	33.5	27.1	26.8
1931	23.4	17.7	20.9	18.9	18.0	17.0	19.0	19.6	21.1	23.9	29.2	25.6	20.2
1932	18.8	16.9	13.9	14.2	14.8	14.1	15.1	17.3	20.8	24.0	30.6	31.4	17.4
1933	23.3	13.5	13.7	13.7	14.2	13.3	15.2	14.2	18.0	19.9	25.2	20.8	15.8
1934	22.3	19.2	17.7	16.8	16.4	16.1	16.6	20.6	22.1	23.6	27.6	27.3	19.1
1935	29.8	30.3	21.5	23.9	25.2	24.4	24.3	25.9	27.1	27.0	29.1	27.5	25.6
1936	24.5	31.0	21.2	20.1	21.5	22.3	22.8	23.6	24.7	26.9			

[1] Weights based on receipts of eggs at New York City, 1923–32. Statistical Summary of the New York Market, Urner-Barry Co.

TABLE 91.—*Eggs: Average monthly wholesale price per dozen of nearby whites—lower grades [1] at New York City, 1926–36*

Year	January	February	March	April	May	June	July	August	September	October	November	December	Weighted annual average [2]
	Cents	Cents	Cents	Cents	Cents	Cents	Cents	Cents	Cents	Cents	Cents	Cents	Cents
1926	43.4	37.7	33.9	33.1	33.4	33.9	35.2	39.5	46.6	57.4	66.4	57.3	39.4
1927	44.8	35.1	28.5	28.1	27.2	26.6	29.9	35.7	43.7	51.4	56.0	49.5	34.3
1928	47.1	36.5	31.4	31.0	31.7	32.7	34.1	36.9	40.5	41.5	46.3	40.0	35.5
1929	41.7	41.9	35.5	30.5	32.9	34.2	36.6	38.9	43.4	50.2	53.0	52.9	38.2
1930	43.1	37.8	28.1	27.6	26.5	25.3	24.1	27.4	30.6	32.5	36.1	29.9	29.5
1931	25.7	20.8	22.4	20.9	19.4	19.2	21.1	23.6	24.9	29.9	32.6	30.3	22.8
1932	21.7	18.9	16.5	15.6	14.8	15.3	16.3	18.0	23.2	24.7	31.0	31.3	18.7
1933	[3] 26.1	14.7	15.5	14.6	14.7	14.6	16.7	18.3	22.7	27.6	26.7	25.5	18.0
1934	[3] 23.5	[3] 20.0	19.1	17.5	17.3	17.8	19.0	22.7	25.2	26.0	28.0	29.4	20.6
1935	30.3	28.6	23.3	24.8	26.2	25.8	25.7	26.4	30.9	30.8	31.0	30.8	26.9
1936	27.2	31.1	23.4	20.6	22.5	22.5	24.1	25.8	27.5	29.5			

[1] Prior to April 1932, quotations were for nearby whites, firsts to extra firsts.
[2] Weights based on receipts of eggs at New York City, 1923–32.
[3] Estimated price.

Statistical Summary of the New York Market, Urner-Barry Co.

TABLE 92.—*Eggs: Average monthly wholesale price per dozen of fresh firsts at Chicago, 1926–36*

Year	January	February	March	April	May	June	July	August	September	October	November	December	Weighted annual average[1]
	Cents	Cents	Cents	Cents	Cents	Cents	Cents	Cents	Cents	Cents	Cents	Cents	Cents
1926	35.3	28.5	26.8	28.5	28.6	28.3	27.4	29.2	35.7	40.4	48.5	44.9	29.9
1927	37.6	28.7	23.9	23.0	21.7	21.6	23.1	26.4	32.8	37.4	42.0	42.7	25.6
1928	42.0	29.8	27.3	27.2	28.3	28.0	28.4	30.5	32.3	35.0	41.6	39.2	29.6
1929	35.4	38.9	29.6	26.2	29.5	28.8	30.8	34.0	36.3	41.3	41.5	47.4	31.4
1930	40.8	33.4	24.3	23.7	21.4	22.1	21.1	24.9	25.9	28.2	33.7	26.4	24.9
1931	21.1	16.2	19.2	17.5	16.7	15.9	17.9	19.1	20.0	24.3	29.3	24.8	18.3
1932	17.5	14.6	12.2	12.5	12.9	12.5	13.8	17.0	20.0	23.7	29.7	28.8	14.6
1933	19.9	12.7	12.3	12.3	12.9	11.9	13.6	13.2	16.5	19.0	22.6	19.3	13.6
1934	20.3	17.0	16.6	15.6	15.2	14.7	15.3	19.5	21.3	23.5	28.4	27.3	17.0
1935	27.9	27.8	21.1	23.3	24.2	23.1	23.2	24.8	26.4	27.4	29.1	27.3	24.2
1936	23.4	28.0	19.9	19.4	20.5	21.3	21.7	23.2	25.1	27.6		27.2	

[1] Weights based on receipts of eggs at Chicago, 1923–32.

Howard Bartels & Co. average monthly range 1909 to 1913; Dairy Produce, average daily range 1914 to 1933.

TABLE 93.—*Eggs: Average monthly wholesale price per dozen of fresh firsts [1] at St. Louis, Mo., 1926–36*

Year	January	February	March	April	May	June	July	August	September	October	November	December	Weighted annual average [3]
	Cents	Cents	Cents	Cents	Cents	Cents	Cents	Cents	Cents	Cents	Cents	Cents	Cents
1926	34.2	27.1	25.9	27.2	26.8	26.1	25.3	28.0	33.8	39.2	47.6	42.4	28.4
1927	36.5	26.9	22.4	21.3	19.5	19.4	20.5	25.2	30.9	35.6	39.2	39.2	23.7
1928	39.6	28.0	25.8	25.6	26.7	26.1	28.5	28.9	32.0	33.7	41.4	36.5	28.0
1929	33.4	36.4	27.3	24.9	27.2	27.0	28.1	30.9	34.6	39.8	46.2	45.0	29.4
1930	39.4	31.3	22.4	22.5	19.1	19.0	17.8	21.9	[2] 22.1	[2] 24.8	[2] 31.0	[2] 23.9	22.5
1931	19.3	14.4	17.8	15.4	13.9	12.6	14.5	15.6	17.0	21.7	25.8	22.1	15.7
1932	14.2	12.3	9.9	9.5	9.8	9.2	10.6	14.0	16.9	21.8	27.7	27.6	11.8
1933	17.3	10.7	9.9	9.8	10.3	8.8	11.0	11.0	14.6	17.7	21.4	17.4	11.2
1934	18.2	15.0	14.7	13.7	12.5	11.8	12.0	17.2	19.7	21.6	25.1	24.8	14.7
1935	25.6	25.4	18.8	21.1	21.6	20.4	20.2	22.2	24.3	25.5	27.8	25.4	21.8
1936	21.6	25.6	17.4	16.9	18.1	18.1	19.2	20.3	23.4	26.0			

[1] Beginning August 1928, quotations are for Missouri No. 1.
[2] Weights based on receipts of eggs at Chicago, 1923–32.
[3] Estimated.

St. Louis Daily Market Reporter.

TABLE 94.—*Eggs: Average monthly wholesale price per dozen of extra firsts[1] at Cincinnati, 1926–36*

Year	January	February	March	April	May	June	July	August	September	October	November	December	Weighted annual average[2]
	Cents	Cents	Cents	Cents	Cents	Cents	Cents	Cents	Cents	Cents	Cents	Cents	Cents
1926	39.0	30.2	26.4	27.5	27.5	27.7	28.0	30.8	39.0	43.2	56.8	50.2	30.4
1927	42.0	28.8	22.8	21.9	19.7	23.1	26.0	31.4	38.5	46.5	54.6	51.5	28.8
1928	45.4	30.4	27.1	27.2	28.6	29.0	30.7	33.2	38.5	40.4	51.0	45.5	31.1
1929	39.7	41.0	29.4	26.7	29.9	30.2	33.2	36.0	39.5	46.8	56.5	55.0	33.1
1930	40.6	33.8	24.8	24.2	20.9	22.9	22.8	29.2	28.7	33.0	42.8	32.5	26.1
1931	24.4	17.5	19.8	17.2	16.4	16.3	21.0	11.0	22.6	28.5	32.5	27.6	19.2
1932	17.5	14.6	12.5	11.4	12.1	12.8	15.1	19.4	22.2	26.5	34.6	33.8	15.0
1933	21.7	13.6	11.3	11.9	11.7	13.1	16.2	16.0	21.8	25.6	31.8	25.0	14.6
1934	22.3	17.8	17.1	15.2	14.4	15.8	18.1	24.8	24.8	27.5	34.8	31.5	18.2
1935	29.1	26.6	20.1	22.4	23.3	23.0	25.4	28.2	30.0	32.4	35.0	33.7	24.6
1936	27.4	28.4	19.4	19.3	19.8	21.9	25.0	26.3	29.4	34.3			

[1] 1909–13 prices quoted as eggs. 1914 to August 1919 quoted as prime firsts. August 1919 to date quoted as fresh gathered extra firsts.
[2] Weights based on receipts at Chicago, 1923–32.

Cincinnati Daily Market Reporter.

TABLE 95.—*Eggs: Average monthly wholesale price per dozen U. S. No. 1 Extra[1] at San Francisco, 1926–36*

Year	January	February	March	April	May	June	July	August	September	October	November	December	Weighted annual average[2]
	Cents	Cents	Cents	Cents	Cents	Cents	Cents	Cents	Cents	Cents	Cents	Cents	Cents
1926	33.5	26.6	26.7	27.5	28.5	31.1	33.7	38.6	44.3	50.8	48.6	43.2	34.8
1927	32.4	24.0	23.6	23.8	24.0	24.0	26.8	32.7	38.8	46.9	44.1	37.6	30.4
1928	32.6	24.2	25.0	25.1	26.3	23.4	30.4	32.9	38.3	43.7	45.4	38.2	31.5
1929	30.9	25.8	25.0	26.6	31.2	32.5	36.8	40.6	44.0	51.9	49.3	44.2	35.3
1930	35.8	28.5	28.5	28.5	27.1	26.5	25.9	30.8	36.0	40.3	41.3	27.2	30.7
1931	22.4	19.0	19.5	19.5	19.5	19.5	23.2	26.6	31.8	38.1	32.8	28.8	24.2
1932	19.6	17.0	16.2	16.5	16.3	16.8	18.2	19.9	27.0	28.3	33.1	27.4	20.5
1933	21.8	14.9	15.5	15.8	16.9	17.5	19.2	21.5	26.2	28.5	28.8	23.6	20.1
1934	19.7	16.7	15.5	15.6	16.4	18.4	20.9	25.5	28.3	33.5	32.3	27.0	21.5
1935	26.5	22.7	21.5	23.1	26.4	26.5	27.1	29.2	33.2	35.3	33.5	27.0	21.5
1936	22.0	20.1	19.6	20.0	20.5	22.8	23.7	29.0	32.7	35.5		28.1	27.2

[1] 1909–10 prices quoted as fresh fancy; 1911–25 quoted as fresh extras; and beginning January 1926 quoted as U. S. No. 1 Extras as reported by Bureau of Agricultural Economics.
[2] Weights based on receipts of eggs at San Francisco, 1923–32.

Pacific Dairy Review.

TABLE 96.—*Eggs: Monthly average [1] wholesale price per dozen, 1926–36*

Year	January	February	March	April	May	June	July	August	September	October	November	December	Weighted annual average
	Cents	Cents	Cents	Cents	Cents	Cents	Cents	Cents	Cents	Cents	Cents	Cents	Cents
1926	37.3	30.3	28.1	29.3	29.5	29.6	29.4	32.2	38.8	43.8	52.0	47.8	32.7
1927	39.4	29.3	24.6	23.9	22.7	22.9	24.8	29.4	35.7	41.7	45.5	43.9	28.3
1928	43.0	30.8	27.8	27.6	28.8	29.0	30.0	32.0	34.9	36.3	41.5	38.3	31.3
1929	36.3	38.1	30.1	27.1	30.3	30.5	32.7	35.4	38.4	41.6	48.8	49.5	33.7
1930	40.7	33.2	26.7	25.4	23.0	22.8	21.8	25.6	27.0	29.0	35.1	27.6	26.8
1931	22.8	17.5	20.1	18.3	17.4	16.7	19.2	20.4	22.0	28.3	29.5	26.3	19.9
1932	18.2	15.9	13.5	13.2	13.5	13.5	14.8	16.3	21.2	28.3	30.9	30.5	16.4
1933	22.0	13.4	13.0	13.1	13.5	13.1	15.1	15.1	19.0	24.6	25.4	21.4	15.4
1934	21.0	17.7	17.0	16.0	15.6	15.8	16.7	21.3	23.2	21.9	28.8	27.6	18.6
1935	28.2	27.2	21.0	23.1	24.4	23.7	24.0	25.8	27.9	25.2	28.8	28.2	24.9
1936	24.3	27.8	20.3	19.5	20.7	21.6	22.9	24.3		28.7	30.2		

[1] This series is computed from 3 price series and shows the movement of prices but is perhaps not entirely adequate for use in computations in which a true absolute average price is needed.

TABLE 97.—*Eggs, Nearby Hennery Whites:*[1] *Average wholesale price per dozen at New York City, 1926-36*

Month	1926	1927	1928	1929	1930	1931
	Cents	Cents	Cents	Cents	Cents	Cents
January	48.0	48.2	50.6	46.8	45.4	28.9
February	41.5	38.8	39.9	47.0	41.1	24.1
March	38.3	33.4	36.1	38.1	31.9	26.0
April	37.0	33.3	34.8	34.8	31.6	23.6
May	37.5	32.2	35.6	36.5	30.6	22.9
June	39.0	31.9	37.4	39.1	30.6	24.4
July	43.1	38.0	40.3	45.0	32.8	28.3
August	49.4	45.8	47.1	49.2	38.7	32.6
September	58.2	56.9	55.8	57.8	44.4	37.8
October	73.1	68.9	60.5	66.6	52.6	44.0
November	78.2	69.0	66.0	66.0	51.9	44.6
December	62.4	56.2	52.6	60.6	36.6	36.6
Average	50.5	46.0	46.4	49.0	39.0	31.1

Month	1932	1933	1934	1935	1936
	Cents	Cents	Cents	Cents	Cents
January	24.7	27.4	24.2	32.2	28.2
February	23.0	17.5	[4] 23.1	31.9	31.5
March	[2] 20.6	18.4	21.8	24.3	24.2
April	[3] 19.3	18.0	19.5	26.7	21.8
May	[3] 18.4	17.6	19.8	27.7	23.6
June	[3] 20.4	19.7	21.4	28.3	25.4
July	[3] 21.6	21.7	24.2	29.2	26.2
August	25.3	23.9	27.6	32.3	
September	32.6	30.5	31.6	36.8	
October	36.9	35.9	37.5	39.3	
November	40.7	37.0	37.5	37.2	
December	34.4	27.8	32.6	32.9	
Average	26.5	24.6	26.7	31.5	

[1] Nearby Hennery Whites, closely selected extras, January 1926 to February 1932.
[2] Specials.
[3] Nearby Whites, Hennery Best, July 1932 to January 1934.
[4] Specials beginning February 1934.

Compiled from American Creamery and Poultry Produce Review, except the averages, which are calculated from the monthly data.

TABLE 98.—*Eggs, best grade of refrigerators: Average wholesale price per dozen at New York City, 1930–36*

Month	1930	1931	1932	1933	1934	1935	1936
	Cents	*Cents*	*Cents*	*Cents*	*Cents*	*Cents*	*Cents*
January	40.4	19.6	18.9		19.3	26.3	21.7
February	29.3		13.4				27.4
March			11.2				
April			11.5				
May							
June							
July			17.4				
August	28.1		17.9		21.6	27.2	
September	26.9	22.0	20.4	17.9	22.3	27.2	
October	24.1	22.2	23.2	17.8	22.3	26.4	
November	24.8	21.6	25.4	17.0	23.4	24.4	
December	22.3	19.1	28.2	16.8	23.8	22.5	

Compiled from American Creamery and Poultry Produce Review.

TABLE 99.—*Eggs: Retail price per dozen, average for the United States, by months, 1926–36*

Year	January	February	March	April	May	June	July	August	September	October	November	December
	Cents	Cents	Cents	Cents	Cents	Cents	Cents	Cents	Cents	Cents	Cents	Cents
1926	53.9	43.8	38.5	38.6	38.9	40.7	42.1	44.9	51.5	58.2	66.0	65.2
1927	55.9	44.2	35.4	33.9	33.6	33.5	36.9	42.0	48.7	56.6	61.7	59.6
1928	55.9	43.1	37.0	35.8	37.5	38.8	41.6	45.0	50.4	54.3	59.3	58.4
1929	50.6	49.1	42.1	36.7	38.7	41.4	44.1	48.3	53.0	58.0	63.3	62.8
1930	55.4	47.2	35.3	34.5	33.7	33.6	35.1	38.8	43.1	44.8	48.4	41.6
1931	36.1	27.2	28.5	27.4	24.9	25.8	28.6	31.9	33.8	37.9	39.7	38.5
1932	29.6	24.2	21.1	20.0	20.0	20.8	22.8	26.8	29.5	34.6	37.6	39.9
1933	32.4	21.4	19.8	18.4	20.3	20.0	24.3	25.4	29.3	33.0	35.3	33.6
1934	30.2	26.9	24.6	23.7	23.3	24.1	26.5	31.6	34.8	36.7	39.7	38.5
1935	39.8	39.2	31.3	32.0	34.1	34.5	35.9	39.0	42.3	44.2	44.7	41.7
1936	37.3	38.7	32.9	29.8	30.8	32.7	35.3	39.1	40.9			

Bureau of Labor Statistics.

TABLE 100.—*Poultry, fresh dressed: Relative monthly price at New York City, 1926–36*

[1910–14=100]

Year	January	February	March	April	May	June	July	August	September	October	November	December	Weighted annual price relative
1926	179.02	175.54	179.98	197.67	205.83	202.47	185.74	184.72	182.56	179.58	170.09	164.63	180.83
1927	165.05	165.23	159.35	167.87	163.67	149.99	144.12	156.11	162.35	165.89	158.99	157.13	159.34
1928	158.99	163.83	151.97	161.27	168.11	169.01	168.29	186.34	196.71	189.10	185.14	176.74	175.52
1929	202.65	195.15	203.37	218.66	227.72	206.25	205.89	206.13	210.39	190.24	179.62	183.76	198.46
1930	185.02	180.28	171.70	178.60	172.60	157.01	155.39	168.17	176.02	157.31	154.31	149.03	164.04
1931	159.23	145.02	141.90	150.05	146.76	153.59	151.61	170.15	157.97	142.44	140.58	124.39	146.44
1932	128.34	125.10	124.57	117.61	112.99	109.69	107.83	112.63	117.79	102.08	100.70	91.64	109.29
1933	95.06	93.62	87.80	96.02	100.10	94.04	94.52	97.34	103.27	92.18	88.34	89.54	93.65
1934	94.93	93.68	99.68	106.27	107.71	108.49	103.69	116.65	125.16	113.77	114.31	113.89	110.08
1935	123.01	126.24	126.36	136.98	140.88	129.84	119.23	133.74	144.30	142.02	143.10	148.31	136.85
1936	150.41	144.48	143.94	147.47	142.80	140.46	139.32	135.96					

TABLE 101.—*Fresh eggs: Relative wholesale prices, 1926–36*

[August 1909 to July 1914=100 percent]

Year	January	February	March	April	May	June	July	August	September	October	November	December	Annual average
1926	147.7	120.0	111.3	116.0	116.8	117.2	116.4	127.5	153.7	173.5	206.0	189.3	141.4
1927	156.1	116.0	97.4	94.7	89.9	90.7	98.2	116.4	141.4	165.2	180.2	173.9	127.1
1928	170.3	122.0	110.1	109.3	114.1	114.9	118.8	126.8	138.2	143.8	164.4	151.7	132.3
1929	143.8	150.9	119.2	107.3	120.0	120.8	129.5	140.2	152.1	164.8	193.3	196.1	145.4
1930	161.2	131.5	105.8	100.6	91.1	90.3	86.4	101.4	106.9	114.9	139.0	109.3	111.3
1931	90.3	69.3	79.8	72.5	68.9	66.2	76.0	89.8	87.1	104.2	116.8	104.2	84.8
1932	72.1	63.0	53.5	52.3	53.5	53.5	58.6	64.6	84.0	97.4	122.4	120.8	75.3
1933	87.1	53.1	51.5	51.9	53.5	51.9	59.8	59.8	75.3	86.7	100.6	84.8	68.1
1934	83.2	70.1	67.3	63.4	61.8	62.6	66.1	84.4	91.9	99.8	114.1	109.3	81.2
1935	111.7	107.7	83.2	91.5	96.6	93.9	95.1	102.2	110.5	113.7	119.6	111.7	103.1
1936	96.2	110.1	80.4	77.6	82.0	86.4	90.7	96.2					

TABLE 102.—Foods: Index of wholesale prices,[1] 1926–36

[1910–14 equals 100]

Month	1926	1927	1928	1929	1930	1931	1932	1933	1934	1935	1936
January	159.1	150.5	156.4	153.3	150.9	125.1	100.3	86.5	99.7	123.9	129.5
February	156.0	149.0	153.2	152.1	148.5	120.9	96.9	83.3	103.4	128.2	129.1
March	154.0	146.8	152.2	152.4	146.2	120.3	96.6	84.7	104.3	127.0	124.2
April	155.8	147.1	154.6	151.9	147.1	118.3	94.6	87.0	102.6	131.0	124.3
May	155.2	147.8	156.9	151.9	142.9	114.4	91.9	92.1	104.0	130.4	120.9
June	155.8	147.0	155.5	153.6	140.8	113.6	91.2	94.9	108.2	123.4	123.9
July	153.0	146.2	158.4	159.5	134.6	114.7	94.4	101.6	109.5	127.3	126.2
August	151.2	146.5	160.9	160.5	135.8	115.7	95.8	100.5	114.6	131.6	123.8
September	154.7	149.8	165.1	160.2	138.8	114.3	95.8	100.6	118.0	133.5	129.1
October	156.1	155.0	158.3	157.2	137.7	113.6	93.8	99.5	116.0	131.8	
November	155.7	157.2	155.0	153.3	133.6	110.1	94.0	99.7	116.4	131.9	
December	156.0	156.1	152.1	153.0	127.8	107.1	90.4	96.9	116.7	132.9	
Average	155.0	149.9	156.6	154.9	140.3	115.7	94.6	93.8	109.3	129.8	

[1] Computed with 1910–14 as a base from data published by the Bureau of Labor Statistics.

TABLE 103.—Farm products: Index of Wholesale Prices,[1] 1926-36

[1910-14 equals 100]

Month	1926	1927	1928	1929	1930	1931	1932	1933	1934	1935	1936
January	150.6	135.3	148.8	148.5	141.7	102.5	74.1	59.7	82.3	108.8	109.7
February	147.4	133.8	146.6	147.8	137.4	98.3	71.0	57.4	86.0	110.9	111.5
March	142.6	132.1	145.2	150.4	132.8	99.0	70.4	60.0	86.0	109.8	107.3
April	144.2	132.3	150.9	147.1	134.4	98.3	69.0	62.4	83.6	112.8	107.9
May	143.6	135.1	154.0	143.3	130.4	94.1	65.4	70.4	83.6	113.0	105.5
June	141.5	135.3	149.6	144.9	124.7	91.7	64.1	74.6	88.8	109.8	109.5
July	138.3	136.9	152.2	150.9	116.5	91.0	67.2	84.3	90.5	108.1	114.0
August	136.3	143.5	149.9	150.8	119.1	89.1	68.9	80.8	97.9	111.2	117.5
September	139.3	148.5	152.6	149.5	119.6	84.9	68.9	79.9	102.9	111.5	117.8
October	137.3	147.3	145.0	145.9	115.7	82.5	65.8	78.1	99.0	109.7	
November	132.8	146.3	142.5	141.8	111.2	82.3	65.5	79.4	99.3	108.7	
December	133.1	146.4	145.3	142.9	105.5	78.1	61.9	77.8	101.0	109.8	
Average	140.3	139.4	148.5	147.1	123.8	90.9	67.6	72.1	91.6	110.5	

[1] Computed with 1910-14 as a base from data published by the Bureau of Labor Statistics.

TABLE 104.—*Feed consumption per 100 Bronze and 100 White Holland turkeys*

Age	Cumulative quantity of feed consumed		Age	Cumulative quantity of feed consumed	
	Bronze	White Holland		Bronze	White Holland
	Pounds	*Pounds*		*Pounds*	*Pounds*
1 week	28.26	28.26	13 weeks	1,690.39	1,651.75
2 weeks	58.59	58.59	14 weeks	2,039.79	1,992.84
3 weeks	101.95	101.95	15 weeks	2,405.26	2,352.83
4 weeks	162.51	162.51	16 weeks	2,794.93	2,756.32
5 weeks	234.44	234.44	17 weeks	3,218.73	3,201.40
6 weeks	316.54	316.54	18 weeks	3,705.63	3,630.22
7 weeks	423.24	420.28	19 weeks	4,160.78	4,041.57
8 weeks	559.05	544.17	20 weeks	4,742.65	4,575.42
9 weeks	717.28	705.28	21 weeks	5,313.32	5,147.56
10 weeks	886.81	887.31	22 weeks	5,797.60	5,624.61
11 weeks	1,136.42	1,116.31	23 weeks	6,347.91	6,122.01
12 weeks	1,394.95	1,351.34	24 weeks	6,941.61	6,604.32

New Jersey Agricultural Experiment Station, Department of Poultry Husbandry, Hints to Poultrymen vol. 23, no. 3, February-March 1936.

TABLE 105.—*Feed consumption per 100 chicks, White Leghorns and Barred Plymouth Rocks* [1]

Age	White Leghorns			Barred Plymouth Rocks		
	Mash	Grain	Total	Mash	Grain	Total
	Pounds	*Pounds*	*Pounds*	*Pounds*	*Pounds*	*Pounds*
9 weeks	68.14	16.38	84.52	79.36	13.92	93.28
10 weeks	58.62	22.73	81.35	77.27	20.69	97.96
11 weeks	55.02	26.12	81.14	72.48	24.16	96.64
12 weeks	55.13	32.11	87.24	66.03	34.76	100.79
13 weeks	54.36	37.45	91.81	72.96	27.41	100.37
14 weeks	48.31	42.41	90.72	62.45	38.28	100.73
15 weeks	50.66	42.44	93.10	64.02	43.38	107.40
16 weeks	59.73	34.37	94.10	64.28	52.55	116.83
17 weeks	61.01	34.43	95.44	68.51	47.56	116.07
18 weeks	68.51	29.31	97.82	83.98	37.98	121.96
19 weeks	68.55	37.35	105.90	81.38	41.87	123.25
20 weeks	68.19	40.41	108.60	70.18	64.13	134.31
21 weeks	82.85	31.34	114.19	62.26	70.48	132.74
22 weeks	71.83	38.72	110.55	74.85	75.50	150.35
23 weeks	66.14	56.86	123.00	64.25	72.59	136.84
24 weeks	66.91	48.13	115.04	56.70	66.93	123.63

[1] All cockerels were removed at the end of the eighth week. From then to the end of the twenty-fourth week the basis is 100 pullet chickens.

New Jersey Agricultural Experiment Station, Department of Poultry Husbandry, Hints to Poultrymen, vol. 23, no. 3, February-March 1936.

TABLE 106.—*Broilers: Average weight of White Leghorns and Rhode Island Reds at specified ages, and average feed consumption per bird, as fed at the U. S. Animal Husbandry Experiment Farm in 1923*

Age	White Leghorns		Rhode Island Reds	
	Average weight	Feed consumed	Average weight	Feed consumed
	Pounds	*Pounds*	*Pounds*	*Pounds*
4 weeks	0.53	1.25	0.61	1.25
8 weeks	1.53	4.72	1.84	4.48
12 weeks	2.53	9.32	2.97	8.57
16 weeks	3.21	13.90	3.80	13.32

The Poultry Industry of the United States. U. S. Department of Agriculture Special Report for the Fourth World's Poultry Congress, London, 1930.

TABLE 107.—*Growth standards for Single Comb White Leghorns, American heavy breeds, Bronze turkeys, and White Holland turkeys*

Age	Chickens			Turkeys			
	White Leghorn pullets	American heavy breeds		Bronze		White Holland	
		Pullets	Cockerels	Males	Females	Males	Females
	Lb.	*Lb.*	*Lb.*	*Lb.*	*Lb.*	*Lb.*	*Lb.*
2 weeks	0.19	0.18	0.19	0.31	0.29	0.34	0.32
4 weeks	.39	.43	.46	.72	.63	.78	.69
6 weeks	.68	.83	.96	1.38	1.15	1.42	1.23
8 weeks	1.09	1.30	1.55	2.41	1.97	2.33	1.97
10 weeks	1.46	1.59	2.09	3.82	3.24	3.78	3.09
12 weeks	1.71	2.13	2.81	5.80	4.76	5.38	4.31
14 weeks	2.08	2.60	3.58	8.14	6.48	7.51	5.78
16 weeks	2.40	3.04	4.02	10.06	7.69	9.39	6.95
20 weeks	2.99	3.73	5.01	15.02	10.64	13.15	8.88
24 weeks	3.38	4.27	5.55	19.01	12.46	16.42	10.74

New Jersey Agricultural Experiment Station, Department of Poultry Husbandry, Hints to Poultrymen, vol. 23, no. 3, February–March 1936.

TABLE 108.—*Poultry: Loss of weight in dressing*

Class	Number	Average weight			Live weight lost as—			
		Live	Dressed	Chilled	Blood	Feathers	Cooler loss	Total
		Ounce	Ounce	Ounce	Pct.	Pct.	Pct.	Pct.
Not fattened:								
Broilers	126	30.8	28.5	28.3	4.02	6.67	0.68	11.37
Springs	12	60.4	53.0	52.6	4.38	7.81	.74	12.93
Roasters	18	74.7	65.5	65.3	3.85	8.42	.36	12.63
Hens	48	79.0	72.1	71.8	3.35	5.33	.31	8.99
Fattened:								
Broilers	132	41.1	37.1	36.8	4.01	6.45	.87	11.33
Springs	24	81.5	71.7	71.4	4.27	7.78	.47	12.52
Roasters	28	95.9	85.5	84.9	4.13	6.75	.56	11.44
Hens	95	85.4	78.4	78.2	3.27	4.85	.34	8.46

U. S. Department of Agriculture Bulletin 1052.

TABLE 109.—*Poultry, dressed: Percentage distribution of chilled weight by class and condition*

Class and product	Birds not fattened				Birds fattened			
	Broilers	Springs	Roasters	Hens	Broilers	Springs	Roasters	Hens
	Pct.	Pct.	Pct.	Pct.	Pct.	Pct.	Pct.	Pct.
Edible:								
Meat	40.39	45.91	44.06	38.86	39.01	43.09	40.60	37.93
Skin	7.54	8.81	9.48	14.68	10.41	13.15	12.60	14.67
Crude gizzard fat	1.31	5.94	5.68	9.87	4.21	5.53	5.78	10.50
Edible organs	6.82	1.93	3.00	4.80	6.53	5.29	5.44	5.21
Eggs				2.38				3.09
Total	56.06	62.59	62.22	70.59	60.16	67.06	64.42	71.40
Inedible:								
Offal	26.19	21.65	21.63	18.31	23.77	19.96	20.48	18.42
Bones	17.75	15.76	16.15	11.10	16.07	12.98	15.10	10.18
Total	43.94	37.41	37.78	29.41	39.84	32.94	35.58	28.60

U. S. Department of Agriculture Bulletin 1052.

TABLE 110.—*Turkeys: Loss of weight in dry picking*

Class	Birds	Average live weight	Average dressed weight	Loss
	Number	*Pounds*	*Pounds*	*Percent*
Males:				
Under 16 pounds	58	13.64	12.28	9.97
16 to 19.95 pounds	80	17.73	15.98	9.90
20 to 23.95 pounds	19	20.99	19.13	8.87
24 pounds and up	14	28.97	26.80	7.50
Average		17.62	15.96	9.46
Females:				
Under 8 pounds	4	7.60	6.78	10.86
8 to 10.95 pounds	52	9.60	8.65	9.86
11 to 13.95 pounds	12	12.08	11.08	8.28
14 pounds and up	2	15.48	14.38	7.11
Average		10.08	9.13	9.43

Poultry Culture, December 1930, p. 11.

TABLE 111.—*Poultry: Edible weight in terms of percentage of live weight and dressed weight for specified kinds and classes*

Kind and class [1]	Dressed weight in terms of live weight [2]	Edible weight in terms of dressed weight [3]	Edible weight in terms of live weight
	Percent	*Percent*	*Percent*
Unfattened broilers	88.30	54.27	47.92
Fattened broilers	90.81	60.73	55.15
Unfattened roasters	88.90	56.86	50.55
Fattened roasters	91.70	63.07	57.84
Fattened capons	91.97	67.46	62.05
Fattened hens	92.03	64.22	59.09
Squab guineas	82.52	60.25	49.72
Squab pigeons	82.08	73.94	60.66
Ducks		60.17	
Geese		65.07	
Turkeys		66.53	

[1] The broilers were White Leghorns and the other chickens were Barred Plymouth Rocks and Rhode Island Reds.
[2] Blood and feathers removed.
[3] Flesh, without bones, heart, liver, and gizzard.

Scientific Agriculture, June 1923.

TABLE 112.—*Poultry: Weights [1] of the more common breeds of ducks, geese, and turkeys in the United States*

DUCKS

Breed	Adult drake	Young drake	Adult duck	Young duck
	Pounds	*Pounds*	*Pounds*	*Pounds*
Pekin	9.0	8.0	8.0	7.0
Rouen	9.0	8.0	8.0	7.0
Cayuga	8.0	7.0	7.0	6.0
Muscovy	10.0	8.0	7.0	6.0
Buff	8.0	7.0	7.0	6.0
Runner	4.5	4.0	4.0	3.5

GEESE

Breed	Adult gander	Young gander	Adult goose	Young goose
	Pounds	*Pounds*	*Pounds*	*Pounds*
Toulouse	26	20	20	16
Embden	20	18	18	16
African	20	16	18	14
Chinese	12	10	10	8
Wild or Canada	12	10	10	9

TURKEYS

Breed	Adult cock	Yearling cock	Cockerel	Hen	Pullet
	Pounds	*Pounds*	*Pounds*	*Pounds*	*Pounds*
Bronze	36	33	25	20	16
Narragansett	33	30	23	18	14
White Holland	33	30	23	18	14
Bourbon Red	33	30	23	18	14

[1] Standard weights as set by the American Poultry Association.

According to American Standard of Perfection, published and copyrighted by American Poultry Association, 1930.

TABLE 113.—*Shipping coops for live poultry: Approximate size and capacity*

Kind of poultry	Height of coop [1]	Capacity of coop	Kind of poultry	Height of coop [1]	Capacity of coop
	Inches	*Birds*		*Inches*	*Birds*
Turkeys	20	5-6	Small fowl	12	14-16
Geese	16	6-8	Ducks	12	8-10
Old cocks	16	10-12	Spring chickens	12	14-20
Large fowl	16	10-12			

[1] Base measure, 2 by 3 feet.

U. S. Department of Agriculture Farmers' Bulletin 1377.

TABLE 114.—*Poultry: Estimated supply and disappearance for consumption in continental United States, population, and per capita consumption, 1925–35*

Item	1925	1926	1927	1928	1929	1930	1931	1932	1933	1934	1935
	1,000 pounds	*1,000 pounds*	*1,000 pounds*	*1,000 pounds*	*1,000 pounds*	*1,000 pounds*	*1,000 pounds*	*1,000 pounds*	*1,000 pounds*	*1,000 pounds*	*1,000 pounds*
Supply:											
Chickens consumed on farms and sold from farms (dressed weight) [1]	1,845,683	1,873,378	1,997,995	1,942,194	1,950,769	1,964,465	2,004,481	1,984,084	2,104,113	1,934,626	1,934,872
Turkeys, ducks, and geese raised (dressed weight) [2]	250,433	257,127	253,701	253,125	275,042	266,787	266,902	293,373	294,527	270,266	250,639
Imports for consumption (dressed weight) [3]	4,856	8,176	5,519	7,212	7,173	2,680	5,994	1,036	412	765	713
Stocks in storage Jan. 1	133,990	111,501	144,497	117,490	109,684	140,723	104,913	116,700	111,642	123,503	132,001
Total	2,234,962	2,250,182	2,401,712	2,320,021	2,342,668	2,374,655	2,382,290	2,395,193	2,510,694	2,329,160	2,318,225
Disappearance:											
Stocks in storage Dec. 31	111,501	144,497	117,490	109,684	140,723	104,913	116,700	111,642	123,503	132,001	107,389
Domestic exports [4]	5,733	3,908	5,203	3,592	2,871	3,339	2,903	1,303	2,473	2,341	1,770

107

Shipments to noncontiguous territory	⁵824	⁵902	⁵1,157	⁵1,237	1,463	1,444	1,611	1,635	1,859	2,172	⁵2,394
Total	118,058	149,307	123,850	114,513	145,057	109,698	121,214	114,580	127,835	136,514	111,553
Balance for consumption	2,116,904	2,100,875	2,277,862	2,205,508	2,197,611	2,284,959	2,261,076	2,280,613	2,382,859	2,192,646	2,206,672
Population on July 1	Thousands 114,867	Thousands 116,532	Thousands 118,197	Thousands 119,862	Thousands 121,526	Thousands 123,091	Thousands 124,113	Thousands 124,974	Thousands 125,770	Thousands 126,626	Thousands 127,521
Consumption per capita	Pounds 18.4	Pounds 18.0	Pounds 19.3	Pounds 18.4	Pounds 18.1	Pounds 18.4	Pounds 18.2	Pounds 18.2	Pounds 18.9	Pounds 17.3	Pounds 17.3

¹ The assumption that all poultry sold from farms was consumed is not strictly true since some sales are for inclusion in laying flocks.
² Ducks and geese estimated from numbers raised in 1929 as indicated by the census and year-to-year changes based on changes in number of chickens.
³ Corrected for imports through noncontiguous territories.
⁴ Corrected for exports of noncontiguous territories.
⁵ Estimated from value of shipments.

TABLE 115.—*Eggs: Average production per bird per month, 1919–20 to 1935–36*

Year	October	November	December	January	February	March	April	May	June	July	August	September
	Number	*Number*	*Number*	*Number*	*Number*	*Number*	*Number*	*Number*	*Number*	*Number*	*Number*	*Number*
1919–20		3.70	5.30	7.70	9.40	15.60	16.70	16.70	14.40	13.30	12.30	10.00
1920–21	6.40	3.91	6.75	8.46	11.16	16.43	17.66	17.45	14.71	14.37	13.29	10.98
1921–22	7.30	4.95	7.40	9.28	11.04	16.30	17.44	17.49	15.13	14.53	13.95	10.90
1922–23	6.66	5.45	7.43	9.25	10.59	15.65	16.87	17.26	14.33	14.38	13.75	11.02
1923–24	7.08	5.49	8.71	9.18	10.96	15.55	16.63	17.00	15.30	14.50	13.34	10.11
1924–25	6.40	5.86	7.53	9.00	11.19	15.98	17.20	16.81	14.71	14.67	14.06	10.30
1925–26	6.23	5.97	8.72	11.53	10.67	15.98	16.99	17.91	15.60	14.92	13.21	11.27
1926–27	7.11	7.24	8.73	10.83	12.60	17.42	17.97	17.57	16.50	14.78	13.29	10.82
1927–28	6.68	8.08	9.71	11.76	13.07	17.37	17.67	17.57	15.26	14.90	13.88	12.07
1928–29	8.37	8.82	11.10	12.41	13.19	17.01	17.93	18.03	15.66	14.75	13.74	11.57
1929–30	8.29	10.16	11.50	13.48	13.34	17.13	17.39	16.76	15.14	14.18	12.95	11.33
1930–31	9.74	10.58	12.14	13.04	13.39	17.47	17.77	17.62	15.78	14.59	13.07	11.74
1931–32	9.91	10.94	12.04	13.60	14.02	16.62	17.20	17.53	15.18	14.46	13.12	11.33
1932–33	9.82	10.79	11.68	13.64	13.41	16.33	17.00	17.18	14.92	13.99	12.47	10.75
1933–34	10.72	10.32	12.30	13.38	12.14	16.50	17.36	17.46	15.40	14.47	13.93	11.68
1934–35	9.53	11.23	13.00	13.47	12.69	17.18	17.90	17.47	15.78	14.50	13.73	12.44
1935–36	11.26	11.81	13.17	14.20	13.23	16.93	17.19	17.57	15.26	14.00	13.72	

Connecticut home egg-laying contest reported by the Connecticut State College.

TABLE 116.—*Eggs: Long-time production for individual hens*

Breed of hen	Number of eggs produced in—						
	First year	Second year	Third year	Fourth year	Fifth year	Sixth year	Total
Oregon	250	225	214	192	156	108	[1] 1,300
Do	228	250	184	171	135	105	[2] 1,282
Do	215	206	208	198	189	148	[3] 1,278
White Leghorn	259	249	172	215	193	127	1,215
Do	240	222	202	155	168	139	[4] 1,188
Oregon	177	234	226	179	142	115	[5] 1,159
Do	283	194	191	187	172	132	1,159
White Leghorn	139	197	200	181	179	119	[6] 1,096
Oregon	235	210	227	192	213	------	1,077
Do	215	214	210	183	145	94	1,061
White Leghorn	249	183	195	149	165	112	1,053
Do	271	223	203	177	171	------	1,045
Do	245	218	172	191	153	61	1,040
Oregon	234	173	191	181	122	130	1,031
White Leghorn	217	232	134	129	200	112	1,024
Oregon	247	210	192	149	141	83	1,022
White Leghorn	228	186	178	148	147	135	1,022
Oregon	301	190	205	172	151	1	1,020
Do	224	228	181	151	135	97	1,016
Do	258	214	177	179	187	------	1,015
Average	236	213	193	174	163	107	------

[1] Includes 76 eggs in seventh year, and 79 eggs in eighth year.
[2] Includes 119 eggs in seventh year, 35 eggs in eighth year, 54 eggs in ninth year, and 1 egg in tenth year.
[3] Includes 81 eggs in seventh year, 31 eggs in eighth year, and 2 eggs in ninth year.
[4] Includes 61 eggs in seventh year, and 1 egg in eighth year.
[5] Includes 62 eggs in seventh year, and 24 eggs in eighth year.
[6] Includes 81 eggs in seventh year.

Compiled from Oregon Agricultural Experiment Station Bulletin 180.

TABLE 117.—*Eggs: Number, and weight per dozen, laid by various breeds of chickens in 12 standard egg-laying tests in the United States, November 1929 to September 1930*

Breed	Hens	Production for 11 months	Weight per dozen
	Number	*Eggs*	*Ounces*
Light Sussex	10	195.8	22.87
White Leghorn	5,780	194.1	23.23
Australorp	100	188.4	22.77
Rose-Comb Rhode Island Red	50	178.0	23.54
Rose-Comb Rhode Island White	20	169.5	21.49
Barred Rock	630	166.6	22.84
White Minorca	50	164.0	24.04
Ancona	30	163.1	22.77
Single-Comb Rhode Island Red	760	161.4	24.14
Jersey Black Giant	30	158.5	24.74
Buff Leghorn	10	156.1	23.37
Silver-Laced Wyandotte	10	152.0	23.67
Brown Leghorn	10	149.6	21.29
Black Minorca	60	148.6	25.70
White Wyandotte	80	146.0	23.66
White Rock	150	135.8	23.56
Buff Orpington	20	134.3	23.85
Single-Comb Rhode Island White	10	133.9	21.69
Buff Rock	10	132.9	22.32
White Orpington	20	114.2	25.20
Total and average	7,840	185.4	23.30

The Poultry Item, December 1930.

TABLE 118.—*Seasonal variation in the monthly feed-egg ratio*

Month	Seasonal variation	Month	Seasonal variation
	Percent		*Percent*
January	70.40	July	123.95
February	89.81	August	116.85
March	116.02	September	98.06
April	126.19	October	80.51
May	128.63	November	63.68
June	129.47	December	56.39

TABLE 119.—*Feed-egg ratio: Dozens of eggs required to buy 100 pounds of poultry ration, 1926-36* [1]

Year	January	February	March	April	May	June	July	August	September	October	November	December
	Dozen	Dozen	Dozen	Dozen	Dozen	Dozen	Dozen	Dozen	Dozen	Dozen	Dozen	Dozen
1926	4.43	5.45	6.34	6.08	6.04	5.97	6.01	6.22	5.07	4.32	3.34	3.09
1927	4.00	5.21	7.26	7.43	8.13	10.20	8.53	7.97	6.30	4.96	3.90	3.75
1928	4.31	5.88	7.80	8.28	8.50	8.48	7.71	6.69	5.59	4.76	3.91	3.70
1929	4.94	5.41	6.24	7.40	6.73	6.31	6.37	6.09	5.44	4.69	3.75	3.54
1930	4.15	4.94	7.12	6.96	7.64	8.32	7.66	7.73	6.41	5.61	4.04	4.71
1931	5.37	8.06	6.65	6.96	8.13	7.35	6.69	5.88	4.29	3.16	3.02	2.99
1932	4.38	5.70	6.88	6.99	6.68	6.09	5.32	4.37	3.53	2.36	1.88	1.68
1933	2.21	4.29	5.03	6.31	7.08	8.64	8.90	7.92	6.14	4.23	3.82	4.23
1934	5.32	6.22	7.00	7.52	7.68	8.61	8.46	8.12	6.84	6.30	5.18	5.91
1935	6.45	6.29	8.38	8.03	7.38	7.13	6.69	6.25	5.22	4.81	3.83	3.90
1936	4.99	4.87	6.68	6.90	6.51	6.25	7.50	8.21	7.60			

[1] Feed prices divided by egg prices.

TABLE 120.—*Feed-egg ratio with seasonal variations removed, 1926–36*

Year	January	February	March	April	May	June	July	August	September	October	November	December
	Dozen	Dozen	Dozen	Dozen	Dozen	Dozen	Dozen	Dozen	Dozen	Dozen	Dozen	Dozen
1926	6.29	6.07	5.46	4.82	4.70	4.61	4.85	6.32	5.17	5.37	5.24	5.48
1927	5.68	5.80	6.26	5.89	6.32	7.88	7.12	6.82	6.43	6.16	6.12	6.65
1928	6.12	6.55	6.72	6.56	6.61	6.55	6.22	5.65	5.70	5.91	6.14	6.56
1929	7.02	6.02	5.38	5.83	5.27	4.87	5.14	5.21	5.55	5.83	5.89	6.28
1930	5.89	5.50	6.14	5.52	5.94	6.43	6.18	6.62	6.54	6.97	6.34	8.35
1931	7.63	6.00	5.73	5.52	6.32	5.68	5.40	4.60	4.38	3.92	4.74	5.30
1932	6.22	6.35	5.93	5.54	5.19	4.70	4.29	3.74	3.60	2.93	2.95	2.98
1933	3.14	4.78	4.34	5.00	5.50	6.60	7.18	6.78	6.26	5.25	6.00	7.50
1934	7.56	6.93	6.03	5.96	5.97	6.65	6.82	6.95	6.98	7.83	8.13	10.51
1935	9.16	7.00	7.22	6.36	5.74	5.51	5.40	5.35	5.32	5.97	6.01	6.92
1936	7.09	5.42	5.76	5.47	5.06	4.83	6.05	7.03	7.75			

TABLE 121.—*Feed required to produce 1 dozen eggs, 1922*

Month	Barred Plymouth Rocks			Rhode Island Reds			White Leghorns		
	Feed per bird	Eggs laid per bird	Feed per dozen eggs	Feed per bird	Eggs laid per bird	Feed per dozen eggs	Feed per bird	Eggs laid per bird	Feed per dozen eggs
	Pounds	*Number*	*Pounds*	*Pounds*	*Number*	*Pounds*	*Pounds*	*Number*	*Pounds*
November	7.73	8.19	11.3	7.38	6.70	13.2	5.7	4.7	14.5
December	8.48	9.15	11.1	7.86	9.82	9.6	6.3	7.7	9.8
January	8.28	11.29	8.8	7.95	13.00	7.3	6.8	9.1	9.0
February	8.38	13.91	7.2	7.92	15.47	6.1	6.2	11.2	6.6
March	8.35	14.52	6.9	8.20	15.67	6.3	6.7	15.4	5.2
April	8.37	14.72	6.8	7.96	15.21	6.3	6.9	16.3	5.1
May	7.91	13.24	6.2	7.24	14.32	6.1	6.6	17.1	4.6
June	7.91	11.88	8.0	7.27	12.58	6.9	6.5	15.4	5.1
July	7.65	10.20	9.0	7.16	10.77	8.0	6.7	15.0	5.4
August	7.70	9.28	10.0	7.02	10.99	7.7	6.6	14.3	5.5
September	7.65	7.28	12.6	7.21	8.58	10.1	5.8	10.6	6.6
October	7.72	6.86	13.5	7.54	8.42	10.7	5.9	5.3	13.4
Total or average	96.13	130.52	8.8	90.71	141.53	7.7	76.7	142.1	6.5

JULL, M. A., POULTRY HUSBANDRY, pp. 516–517, 1930

TABLE 122.—*Comparison of breeds by egg production, feed cost investment, total receipts, total expense, and labor income per hen, 1929–33 average*

Breed	Flocks	Hens per flock	Egg production per hen	Feed cost		Investment per hen	Total receipts per hen	Total expense per hen	Labor income per hen
				Per hen	Per dozen				
	Number	Number	Number	Dollars	Cents	Dollars	Dollars	Dollars	Dollars
White Wyandotte	79	177	133	1.63	14.9	4.69	3.63	2.35	1.28
Rhode Island Red	162	161	138	1.93	16.8	4.20	3.78	2.66	1.12
Barred Plymouth Rock	132	188	132	1.74	15.4	4.37	3.74	2.48	1.26
White Plymouth Rock	66	165	130	2.06	19.1	4.93	3.89	2.88	1.01
Buff Orpington	44	137	124	1.65	16.0	4.17	3.45	2.43	1.02
White Leghorn	682	393	161	1.59	11.9	3.74	3.38	2.11	1.27
Brown Leghorn	16	275	132	1.50	13.6	2.93	2.78	2.01	.75
Miscellaneous	126	276	139	1.59	13.7	4.10	3.28	2.43	.85

Five years of poultry record keeping in Missouri (1929 to 1933). Circular 330, Missouri Agricultural Extension Service.

TABLE 123.—*Color of eggs, and weights,[1] of the more common breeds of chickens in the United States*

Breed or variety	Color of eggs	Weight of—			
		Cock	Cockerel	Hen	Pullet
		Pounds	Pounds	Pounds	Pounds
Jersey Black Giants	Brown	13.0	11.0	10.0	8.0
Light Brahma	do	12.0	10.0	9.5	8.0
Orpington	do	10.0	8.5	8.0	7.0
Dark Cornish	do	10.0	8.0	7.5	6.0
Langshan	do	9.5	8.0	7.5	6.5
Plymouth Rock	do	9.5	8.0	7.5	6.0
Sussex	do	9.0	7.5	7.0	6.0
Wyandotte	do	8.5	7.5	6.5	5.5
Rhode Island Red	do	8.5	7.5	6.5	5.5
Rhode Island White	do	8.5	7.5	6.5	5.5
Single Comb Black Minorca	White	9.0	7.5	7.5	6.5
Blue Andalusian	do	7.0	6.0	5.5	4.5
Leghorn	do	6.0	5.0	4.5	4.0
Ancona	do	6.0	5.0	4.5	4.0
Campine	do	6.0	5.0	4.0	3.5

[1] Standard weights as set by the American Poultry Association.

According to American Standard of Perfection, published and copyrighted by the American Poultry Association, 1930.

TABLE 124.—*Eggs: Composition as indicated by analyses made by the United States Food and Drug Administration, 1932*

Type	Whole eggs				Edible portion of eggs	
	White	Yolk	Shell	Loss[1]	White	Yolk
	Percent	Percent	Percent	Percent	Percent	Percent
2-day-old	57.27	30.84	11.38	0.51	65.00	35.00
Commercial	56.50	32.04	10.94	.52	63.81	36.19
Storage	52.53	35.17	11.39	.91	59.90	40.10

[1] Total weight less weight of white, yolk, and shell.

Journal of the Association of Official Agricultural Chemists, May 1932. Results based on analyses made by Chicago station, U. S. Food and Drug Administration. Each sample consisted of 24 or more eggs. There were 42 samples of commercial fresh eggs collected from 38 States. There were 4 samples of the 2-day-old eggs and 5 samples of the storage eggs. The eggs were analyzed in from 1 to 11 days, average 5 days, from date of shipment.

TABLE 125.—*Eggs: Water, protein, and fat content* [1]

Class	Water	Protein	Fat
	Percent	*Percent*	*Percent*
Whole egg:			
2-day-old	74.06	12.88	11.40
Commercial	73.95	12.75	11.55
Storage	73.39	12.88	11.67
Egg white:			
2-day-old	87.85	10.69	.02
Commercial	87.79	10.75	.03
Storage	86.72	11.44	.03
Egg yolk:			
2-day-old	48.47	16.94	32.54
Commercial	49.53	16.31	31.88
Storage	53.46	15.19	29.04

[1] NaCl, P_2O_5, and dextrose contents were also determined.

Journal of the Association of Official Agricultural Chemists, May 1932, based on analyses made by Chicago station, U. S. Food and Drug Administration. Each sample consisted of 24 or more eggs. There were 42 samples of commercial fresh eggs collected from 38 States. There were 4 samples of the 2-day-old eggs and 5 samples of the storage eggs. The eggs were analyzed from 1 to 11 days, average 5 days, from date of shipment.

The U. S. Bureau of Home Economics reports that eggs are a good source of efficient protein, an excellent source of iron, vitamin A and vitamin G, and contain small amounts of vitamin B and vitamin D. The vitamin A and vitamin D content depends upon the amount of these factors in the diet of the hen. Vitamins A, B, and D are found in the yolk, while vitamin G is about evenly distributed between the yolk and the white.

TABLE 126.—*Approximate conversion equivalents for eggs and egg products* [1]

1 pound of—	Is equivalent to—
Frozen or liquid egg	10.2 United States eggs in shell.
Dried whole egg	3.6 pounds liquid whole egg.[2]
Dried yolk	2.25 pounds liquid yolk.[2]
Dried albumen	7.3 pounds liquid albumen.[2]
Liquid whole egg	0.55-pound liquid white plus 0.45-pound liquid yolk.[3]
Dried whole egg	0.25-pound dried white plus 0.75-pound dried yolk.[3]

[1] In commercial separation of white and yolk a part of the white adheres to the shell and also to the yolk, hence is not a perfect separation. Due to variation in such factors as egg weights and the like, the data given should not be used as a basis for calculating formulae for the production of manufactured egg-food products to conform with the minimum requirements of existing legal standards for such products.

[2] Tariff Information Surveys, G.11—Eggs and egg products, U. S. Tariff Commission.

[3] Industry sources.

TABLE 127.—*Eggs: Weights per trade unit*

Egg size (weight per dozen)	Weight per trade unit				
	30 dozen (case)[1]	10 dozen (great hundred)[2]	1,000 eggs[3]	1,440 eggs[3]	1,200 eggs[3]
Ounces	*Pounds*	*Pounds*	*Kilograms*[4]	*Kilograms*[4]	*Kilograms*[4]
19.2	36	12	45	65	54
20.8	39	13	49	71	59
22.4	42	14	53	76	64
24.0	45	15	57	82	68
25.6	48	16	60	87	73
27.2	51	17	64	93	77
28.8	54	18	68	98	82
30.4	57	19	72	103	86

[1] Used in the United States.
[2] Used in England.
[3] Used in continental Europe.
[4] A kilogram equals 2.2046 pounds.

Rearranged from U. S. Department of Agriculture Bulletin 1385.

The Grocer Diary, London, p. 43 (1928) contains the following statement with reference to methods of packing eggs in the principal countries: "Most European eggs are packed to the number of 1,440 eggs, equal to 12 great hundreds (of 120) in a single case, with the exception of extras and best Italian, of which 1,380, or 11½ great hundreds go to such cases; or small eggs generally take 1,620 (or 13½ great hundreds) and 1,680 (14 great hundreds) to fill a case. Packing of foreign eggs is as follows: Russian cases contain 12 great hundreds (120) and flats 6 great hundreds; Lithuanian cases contain 12 great hundreds, flats 6 great hundreds, and boxes 3 great hundreds; Polish cases contain 12 great hundreds and flats 6 great hundreds; Belgian cases contain 10 great hundreds; French cases contain 12 great hundreds; Dutch cases contain 9 great hundreds or 10 great hundreds; Danish cases contain 9 great hundreds or 8 great hundreds; Argentina, Australian, and South African boxes contain 3 great hundreds; Egypt and Morocco cases contain 12 great hundreds."

TABLE 128.—*Poultry: Imports for consumption and domestic exports of the United States, 1924–35*

Year	Imports for consumption		Domestic exports	
	Live	Dressed or otherwise prepared	Live	Dressed [1]
	1,000 pounds	*1,000 pounds*	*1,000 pounds*	*1,000 pounds*
1924	1,781	2,137	806	3,996
1925	2,073	3,163	712	5,102
1926	2,108	6,408	565	3,406
1927	1,630	4,144	647	4,629
1928	1,505	6,018	566	3,090
1929	1,503	5,924	449	2,473
1930	211	2,545	389	2,994
1931	209	5,965	165	2,757
1932	76	1,045	50	1,258
1933	23	471	50	2,429
1934	28	784	49	2,300
1935	48	717	61	1,718

[1] Includes game.

Bureau of Foreign and Domestic Commerce.

TABLE 129.—*Eggs: Imports for consumption and domestic exports of the United States, 1924–35*

Year	Imports for consumption			Domestic exports	
	Eggs in the shell	Dried or frozen whole eggs and yolks	Dried or frozen albumen	Eggs in the shell	Dried or frozen eggs
	1,000 dozen	*1,000 pounds*	*1,000 pounds*	*1,000 dozen*	*1,000 pounds*
1924	347	15,760	4,422	28,117	505
1925	476	26,249	7,442	21,999	301
1926	298	21,896	7,115	26,634	522
1927	250	9,702	4,928	28,707	861
1928	287	12,781	3,358	20,192	508
1929	306	21,635	4,806	12,075	326
1930	317	14,714	4,231	18,579	196
1931	309	8,542	2,481	7,684	255
1932	244	1,171	1,276	2,319	44
1933	251	2,042	874	1,866	49
1934	197	2,775	403	1,928	79
1935	432	5,754	1,877	1,812	99

Bureau of Foreign and Domestic Commerce.

TABLE 130.—*Tariff rates on poultry and other birds* [1]

Product (as described in 1930 act)	Tariff act of 1922		Tariff act of 1930	
	Paragraph	Rate of duty	Paragraph	Rate of duty
Baby chicks of poultry		3 cents per pound [2]	711	4 cents each.
Chickens:				
Live		do [2]	711	8 cents per pound.[3]
Dead, dressed or undressed, fresh, chilled, or frozen		6 cents per pound [2]	712	10 cents per pound.[3]
Ducks:				
Live		3 cents per pound [2]	711	8 cents per pound.[3]
Dead, dressed or undressed, fresh, chilled, or frozen		6 cents per pound [4]	712	10 cents per pound.
Game birds:				
Live, imported for stocking purposes		([5])	1682	Free.
Killed in foreign countries by residents of United States and imported by them for noncommercial purposes		([6])	1682	Do.
Geese:				
Live		3 cents per pound [2]	711	8 cents per pound.[3]
Dead, dressed or undressed, fresh, chilled, or frozen		6 cents per pound [4]	712	10 cents per pound.
Guinea:				
Live		3 cents per pound [2]	711	8 cents per pound.[3]
Dead, dressed or undressed, fresh, chilled, or frozen		6 cents per pound [4]	712	10 cents per pound.[3]
Pigeons, fancy or racing	1641	Free	1741	Free.
Turkeys:				
Live		3 cents per pound [2]	711	8 cents per pound.[3]
Dead, dressed or undressed, fresh, chilled, or frozen		6 cents per pound [4]	712	10 cents per pound.
Poultry brought into the United States temporarily for a period not exceeding 6 months, for the purposes of breeding, exhibition, or competition for prizes		([7])	1607	Free.

Wild birds intended for exhibition in zoological collections for scientific or educational purposes and not for sale or profit	1507	Free	1607	Do.
All other live birds not specially provided for:				
Valued $5 or less each	711	50 cents each [8]	711	50 cents each.
Valued at more than $5 each	711	20 percent ad valorem	711	20 percent ad valorem.
All other dead birds dressed or undressed, fresh, chilled, or frozen	712	8 cents per pound [9]	712	10 cents per pound.
All the foregoing prepared or preserved in any manner and n. s. p. f. [10]	712	35 percent ad valorem	712	Do.

[1] Birds and land and water fowls the product of Cuba free prior to Mar. 19, 1934.
[2] Not specially mentioned in 1922 act but dutiable under par. 711 as "Birds live: Poultry".
[3] The trade agreement with Canada effective Jan. 1, 1936, reduced the rate on live chickens, ducks, geese, guineas, and turkeys from 8 cents to 4 cents per pound. The rate on chickens and guineas dead, dressed or undressed, fresh, chilled, or frozen was reduced from 10 cents to 6 cents per pound. These new reduced rates apply to products of all foreign countries except Cuba and except countries declared by the President to be discriminating against the United States.
[4] Not specially mentioned in 1922 act but dutiable under par. 712 as "Birds, dead, dressed or undressed: Poultry".
[5] Not specially mentioned in 1922 act but dutiable under par. 711 as "all other live birds" under par. 711 of that act.
[6] Not specially mentioned in 1922 act but dutiable under Par. 711 as "All other dead birds dressed or undressed" under par. 712 of that act.
[7] Not specially provided for in 1922 act.
[8] Live bobwhite quail valued at less than $5 each reduced to 25 cents each by Presidential proclamation effective Nov. 2, 1925.
[9] The words "fresh chilled or frozen" new in 1930 act.
[10] Applies to items in par. 712 of both acts.

TABLE 131.—*Tariff rates on eggs* [1]

Product (as described in 1930 act)	Tariff act of 1922		Tariff act of 1930	
	Paragraph	Rate of duty	Paragraph	Rate of duty
In the shell	713	8 cents per dozen	713	10 cents per dozen.
Dried, whether or not sugar or other material is added:				
Whole eggs	713	18 cents per pound [1]	713	27 cents per pound.[3]
Egg yolk	713	do.[3]	713	Do.[3]
Egg albumen	713	17 cents per pound [1]	713	Do.[3]
Frozen or otherwise prepared or preserved and n. s. p. f. whether or not sugar or other material is added:				
Whole eggs	713	7½ cents per pound [1][4]	713	11 cents per pound.
Egg yolk	713	do.[4]	713	Do.
Egg albumen	713	do.[4]	713	Do.

[1] Eggs the product of Cuba free prior to Mar. 19, 1934.
[2] The words "whether or not sugar or other material is added" new in 1930 act.
[3] Original rate in 1930 Tariff Act was 18 cents per pound. This was increased by Presidential proclamation under sec. 336, effective July 24, 1931.
[4] Original rate in 1922 act was 6 cents per pound, increased by Presidential proclamation effective Mar. 22, 1929.

TABLE 132.—*Fowl: Number in various countries, 1930–34*

Country	1930	1931	1932	1933	1934
	Number	*Number*	*Number*	*Number*	*Number*
United States [1]	469,955,000	460,489,000	451,219,000	461,930,000	455,182,000
Germany (includes Saar Territory)	88,651,726	84,783,011	84,771,398	87,922,873	86,376,586
Great Britain and Northern Ireland	61,877,599	67,291,272	73,487,832	78,227,610	78,512,855
Canada [2]	56,247,000	61,277,229	59,842,800	54,943,400	55,429,500
Japan	46,716,440	52,585,657	54,306,119	50,910,994	53,315,720
Netherlands	24,637,204	25,253,000	26,011,000	28,000,000	28,000,000
Irish Free State	18,180,946	18,182,375	18,049,534	17,954,423	15,981,828
Yugoslavia	16,271,636	16,425,277	16,819,867	17,013,571	17,857,933
Chosen	6,146,643	6,294,672	6,601,477	6,868,037	7,178,725
Latvia	2,376,383	2,687,797	2,895,408	2,965,845	
Estonia [3]	978,726	1,033,930	1,103,760	1,115,320	1,063,240

[1] Bureau of Agricultural Economics.
[2] Fowls on farms only.
[3] Fowls over 6 months.

International Yearbook of Agriculture, except as otherwise noted.

TABLE 133.—*Laying hens: Number in various countries, 1930–34*

Country	1930	1931	1932	1933	1934
	Number	Number	Number	Number	Number
United States [1]	421,743,000	411,386,000	398,760,000	406,307,000	404,086,000
Germany (does not include Saar Territory)	69,907,899	67,963,986	68,729,890	63,119,501	57,339,377
Canada [2]	29,052,600	25,407,600	24,806,600	24,922,000	24,688,000
Great Britain and Northern Ireland [3]	27,696,031	30,027,150	32,352,626	33,705,705	34,407,363
Japan [4]	23,266,917	25,166,542	28,987,887	26,613,365	27,563,538
Belgium	20,000,000	21,000,000	20,000,000	18,000,000	18,000,000
Irish Free State [1][5]	10,160,603	10,043,004	9,796,243	9,947,895	9,170,349
Lithuania [2]	3,259,892	3,740,640	3,525,180	3,540,060	3,410,700
Latvia [6]	1,233,400	1,395,100	1,502,800	1,539,400	
Estonia	884,562	937,110	1,003,720	1,015,130	995,340

[1] Bureau of Agricultural Economics.
[2] Fowls on rural holdings only.
[3] Only agricultural holdings exceeding 1 acre in extent.
[4] Hens 6 months old or over on July 1.
[5] Figures calculated on assumption that there is 1 cock for every 26 hens over 6 months on June 1.
[6] Fowls and cocks over 6 months in June.

International Yearbook of Agriculture, except as otherwise noted.

TABLE 134.—Ducks: Number in various countries, 1930–34

Country	1930	1931	1932	1933	1934
	Number	Number	Number	Number	Number
Germany (including Saar Territory)	3,891,620	3,552,201	3,540,408	3,407,345	2,738,927
Great Britain and Northern Ireland	3,230,538	3,296,637	3,460,170	3,513,145	3,224,401
Irish Free State	2,353,930	2,386,600	2,282,912	2,169,407	1,805,806
Formosa	1,092,604	1,343,327	1,379,364	1,496,165	1,616,807
Canada [1]	989,000	749,930	810,700	837,900	781,700
Yugoslavia	840,978	894,121	910,253	974,995	982,691
Netherlands	662,101	662,000	660,000	660,000	700,000
Japan	481,861	468,753	455,925	467,723	560,044
Latvia	153,307	171,650	189,908	210,271	
Chosen	17,439	21,430	24,397	28,656	36,269

[1] Ducks on farms only.

International Yearbook of Agriculture.

TABLE 135.—*Geese: Number in various countries, 1930–34*

Country	1930	1931	1932	1933	1934
	Number	Number	Number	Number	Number
Germany (including Saar Territory)	6,264,693	5,703,868	5,808,052	6,161,785	5,855,786
Irish Free State	1,237,883	1,174,088	1,152,683	1,144,248	1,037,208
Canada [1]	1,160,000	902,251	948,400	962,900	943,600
Yugoslavia	963,411	1,011,646	1,035,821	1,038,134	1,132,507
Great Britain and Northern Ireland	773,387	706,494	732,588	841,929	828,617
Formosa	252,661	263,307	306,303	319,606	236,453
Lithuania [1]	211,877	241,570	276,060	275,660	284,550
Estonia	60,124	57,160	63,250	72,000	76,850

[1] On farms only.

International Yearbook of Agriculture.

TABLE 136.—*Turkeys: Number in various countries, 1930–34*

Country	1930	1931	1932	1933	1934
	Number	*Number*	*Number*	*Number*	*Number*
United States [1]	16,290,000	16,616,000	18,740,000	18,740,000	17,428,000
Canada [2]	2,399,000	2,223,197	2,478,300	2,580,200	2,643,900
Great Britain and Northern Ireland	1,146,238	958,370	987,255	1,401,914	1,368,493
Irish Free State	1,126,837	1,039,166	1,050,991	1,237,417	1,158,768
Yugoslavia	725,576	688,965	700,620	758,321	843,968
Latvia	30,033	39,346	49,178	59,066	

[1] Turkeys raised.
[2] On farms only

International Yearbook of Agriculture, except for the United States.

TABLE 137.—*Eggs: Production in various countries, 1930–34*

Country	1930	1931	1932	1933	1934
	Thousands	*Thousands*	*Thousands*	*Thousands*	*Thousands*
United States [1]	33,529,000	34,442,000	32,306,000	31,823,000	31,006,000
Germany (does not include Saar Territory)	6,100,000	6,200,000	6,200,000	6,200,000	6,200,000
Great Britain and Northern Ireland [2]	3,275,000	3,605,000	3,883,000	4,072,000	4,055,000
Canada [3][4]	2,760,000	2,845,572	2,753,532	2,667,048	2,677,284
Japan [4]	2,654,542	3,008,243	8,559,297	8,408,888	8,535,071
Belgium	2,200,000	2,415,000	2,300,000	2,070,000	2,070,000
Netherlands	2,000,000	2,100,000	2,200,000	2,000,000	2,100,000
Irish Free State [2]	1,307,000	1,244,000	1,215,000	1,232,000	1,136,000
Philippines	94,355	101,549	109,435	114,748	181,106
Estonia	92,352	86,776	96,262	99,175	106,796

[1] Bureau of Agricultural Economics.
[2] Only agricultural holdings exceeding 1 acre in extent.
[3] Rural holdings only.
[4] Average annual production of eggs not on farms is estimated at 25,000,000 eggs.
[5] Year commencing on July 1 of the year preceding that indicated.

International Yearbook of Agriculture, except as otherwise indicated.

INDEX

POULTRY

	Page
Baby chicks:	
Mortality first 3 weeks	12
Mortality first 8 weeks	12
Number purchased, census	11
Broilers, average weight	101
Chickens:	
Hatched and methods used	10
Mortality to maturity	12
Mortality, by breeds	13
Number consumed on farms, estimated	17
Number on farms, census	2
Number on farms, estimated	3
Number raised, census	6
Number raised, estimated	7
Number sold, census	15
Number sold, estimated	16
Value of chickens raised, estimated	8
Value of chickens sold, census	15
Cold storage holdings:	
In United States:	
Broilers	58
Fowl	61
Fryers	59
Miscellaneous poultry	63
Roasters	60
Total	64
Turkeys	62
In 35 cities	65
Domestic exports	118
Ducks:	
Number raised, census	9
Number in various countries	125
Weights of more common breeds	104
Edible and inedible portions	102
Edible weight in percent of total	103
Estimated supply and disappearance for consumption	106-107
Feed consumption per 100 chicks	100
Feed consumption per 100 turkeys	100
Fowl, number in various countries	123
Geese:	
Number raised, census	9
Number in various countries	126
Weights of more common breeds	104
Growth standards, chickens and turkeys	101
Hens and pullets:	
Culling and mortality	13
Mortality	14
Number per farm flock	4-5
Imports for consumption	118
Laying hens, number in various countries	124
Live poultry shipping coops, size and capacity	105
Loss of weight in dressing	102

Prices:
  Fresh dressed: Page

- Broilers at New York City — 76
- Cocks at New York City — 80
- Fowl at New York City — 79
- Fryers at New York City — 77
- Poultry at New York City — 81
- Roasters at New York City — 78
- Turkeys at New York City — 82
- Wholesale price relatives at New York City — 96

  Hens, at retail, United States average — 83

  Live:

- Chickens, received by producers — 70
- Ducks at New York City — 73
- Fowl, colored, at New York City — 72
- Geese at New York City — 74
- Turkeys, received by producers — 71
- Turkeys at New York City — 75

Quantities inspected for canning — 28

Receipts:
  Dressed:

- At Boston — 43
- At Boston, by State of origin — 44
- At Chicago — 39
- At Chicago, by State of origin — 40
- At New York City — 37
- At New York City, by State of origin — 38
- At Philadelphia — 41
- At Philadelphia, by State of origin — 42
- At San Francisco — 45
- At San Francisco, by State of origin — 46
- Total for 4 markets — 47

  Live:
    At Chicago:

- By freight — 35
- By express — 35
- By truck — 36

    At New York City:

- By freight — 28
- By express — 29
- By truck — 29
- By freight, percent of total — 31
- By express, percent of total — 32
- By truck, percent of total — 33
- Total, State of origin — 30
- By classes — 34

Tariff rates — 120–121

Turkeys:

- Loss of weight in dry picking — 103
- Number raised, census — 9
- Number in various countries — 127
- Weights of more common breeds — 104

EGGS

Cold storage holdings:
  In United States:

- Eggs in the shell — 66
- Frozen eggs — 67
- Total, shell and frozen — 68

  In 35 cities — 69

Color of eggs and weight standards of more common breeds — 115
Composition — 115
Content; water, protein, and fat — 116

	Page
Conversion factors	116
Domestic exports	119
Feed-egg ratio, United States	111
Feed-egg ratio with seasonal removed, United States	112
Feed-egg ratio, monthly seasonal variation, United States	110
Feed requirements for egg production	113
Imports for consumption	119
Length of incubation period	11
Long time production	109
Number consumed on farms, estimated	23
Number laid, estimated	19
Number laid per 100 hens and pullets	24–25
Number laid per farm flock	26–27
Number produced, census	18
Number sold, estimated	22
Number and weight by various breeds	110
Prices:	
Average wholesale price	92
Best grade of refrigerators at New York City	94
Extra firsts at Cincinnati	90
Fresh firsts at Chicago	88
Fresh firsts at St. Louis	89
Fresh gathered firsts at New York City	86
Fresh gathered standards at New York City	85
Nearby hennery whites at New York City	93
Nearby whites, lower grades, at New York City	87
Received by producers	84
Retail, United States average	95
U. S. No. 1 extras, at San Francisco	91
Wholesale price relatives	97
Production per bird	108
Production in various countries	128
Production, feed cost, investment, labor income, by breeds	114
Receipts:	
At Boston	54
At Boston, by State of origin	55
At Chicago	50
At Chicago, by State of origin	51
At New York City	48
At New York City, by State of origin	49
At Philadelphia	52
At Philadelphia, by State of origin	53
At San Francisco	56
At San Francisco, by State of origin	55
Total, at four markets	57
Tariff rates	122
Value of eggs produced:	
Census	20
Estimated	21
Weights per trade unit	117

MISCELLANEOUS

	Page
Index of wholesale food prices	98
Index of wholesale prices of farm products	99

www.ingramcontent.com/pod-product-compliance
Lightning Source LLC
Chambersburg PA
CBHW082333220526
45470CB00008B/2495